ちくま新書

中学生からの数学「超」入門

——起源をたどれば思考が

永野裕之
Nagano Hiroyuki

中学生からの数学「超」入門

——起源をたどれば思考がわかる

【目次】

本文イラスト＝國本佳孝

はじめに

最初に断っておきますが、この本は中学の数学を一から学びなおす、といった趣旨の本ではありません。

本書は、数学史を縦糸に、中学の数学で学ぶことの意味と意義をお伝えする本です。

中学1年生の春のことを覚えていらっしゃいますか？　背中にランドセルがないことに少しの不安を覚えながらも、サイズがブカブカの制服や校内で見かける上級生の姿に、大人の階段を登っている自分を強く意識したのではないでしょうか？　私自身は中でも数学の授業が始まったことに「もう子どもじゃない」というメッセージを感じたのをよく覚えています。

とはいえ、ちょっと前までは小学生だったわけですから、実際はまだ子どもです。算数から数学に。その名前の変化にはかなり大きなインパクトがあるのに、何が違うのかを感じ取る能力はまったく足りていませんでした。

よく――特に数学が苦手だった人から――

「社会に出てみたら、数学なんて必要なかった。あんなに苦労したのに。算数は必要だけれど、数学なんて勉強させられて損した」

という声を聞きます。数学教師としては哀しいところですし、この本を手にとってくださっているあなたはきっとそんなことないだろうと信じてはいますが、一方では仕方がないかな、とも思います。だって、まだまだ知性も感性も未熟な中学生には数学を学ぶ意味や意義をつかむのは至難の業だからです。

しかも、そのうち高校生になって、いよいよ成熟してきた頃には数学は格段に難しくなっていきます。意味や意義をつかむどころではなく、なんとかテストで及第点を取ることに必死にならざるを得なかった人が大半でしょう。


だからこそ、私は本書の筆を執りました。

数学は有史以前から、綿々と受け継がれてきた人類の叡智の結晶です。数学史を紐解いていけば、成熟した大人の皆さんにはきっとそれを感じ取ってもらえるだろうと期待しています。人間が未来永劫色褪せることのない知恵を手にするその物語の中に、感動を見つけてもらいたい、その一念で書きました。

本書は、中学で学ぶ数学を**幾何学**（第1章）、**代数学**（第2章）、**解析学**（第3章）、**確率・統計学**（第4章）の4分野に分け、各章の前半に関連する数学史を、後半にその分野で特に学んでほしいことをまとめました。また「問題」も適宜配置しています。ただし、この本は勉強の本では（おそらく）ないので、数学があまり得意でない方は、難しいと感じた場所はさらっと読み飛ばしてもらっても何ら支障ありません。もちろん、腕に覚えのある方は、是非問題にも挑戦して頂いて、解く喜びを味わってください。

それではいよいよ始まります。この頁のあとに綴られている天才たちの偉業に触れ、最後には

「ああ、やっぱり数学はすべての人が学ぶべき学問だ」

と思ってもらえれば、筆者としてこれ以上の喜びはありません。

第 1 章

図形

——幾何学

○　　△　　□

中学の図形から学ぶこと

Ⅰ　「論証」の方法
Ⅱ　分類の方法と活用
Ⅲ　さまざまな視点

†哲学は幾何学からはじまった

古代ギリシャのプラトン（紀元前４２７―３４７）はアテネ郊外に哲学の学校を建てた際、門のところにこう掲げました。

「幾何学を修めた者以外はこの門をくぐってはならない」

幾何学を知らぬ者は哲学を学ぶ資格がない、というニュアンスですが、今日的な感覚で言えば図形についての勉強が世界や人生を考える哲学の基礎になるというのは少々違和感を覚えます。

プラトンはなぜこのように掲げたのでしょうか？

それは、古代ギリシャで芽吹いた「論証数学」が幾何学だったからです。

もし数学を図形や数そのものと捉えるのなら、その始まりは判然としません。南アフリカの洞窟で見つかった紀元前７万年頃のものと思われる石には早くも幾何学的な文様を見ることができますし、紀元前３万５０００年頃のものと推定される獣骨には数を表したと思われる刻みを確認することもできます。また、紀元前２万年頃のものと推定されているやはり南アフリカで発見された「イシャンゴ獣骨」には、掛け算を連想させる跡が刻まれていて、今のところこれがもっとも古い「計算」の記録であると言われています。

文字が誕生したのは紀元前４０００年紀の後半ですから、いずれにしても人類は、文字が生まれる遥か前の有史以前から図形や数を扱い、簡単な計算も行っていたのでしょう。人間にとって図形や数は歌や踊りと同じように「気づけばそこにあった」ものなのかもしれません。数学史のこのような状況を指して、フランスの数学者**ポアンカレ**（１８５４—１９１２）は次のように評しました。

水源は知られていないがそれでも小川は流れつづける。

（トビアス・ダンツィク著『数は科学の言葉』日経ＢＰ社）

しかし、数学の歴史を「**論証の歴史**」と捉えるのなら、その始まりは紀元前６世紀頃だと言うことができます。その頃に活躍した古代ギリシャの哲学者に**タレス**（紀元前６２４頃―５４６頃）という人がいました。タレスは「最初の哲学者」とも言われ、哲学・数学・科学の始祖としてギリシャ七賢人の１人に数えられています。

タレスはそれまで主に測量術において知られていた図形に関する様々な事実をはじめて「証明」しようとした人です。

このタレスによって数学は単なる計算・技術から、**論理によって世界の真理を見極めるための「言葉＝道具」**へと進化しました。

（注）次頁の５つの定理は、タレスがはじめて証明したものとして「タレスの定理」と呼ばれています。

【タレスの定理】

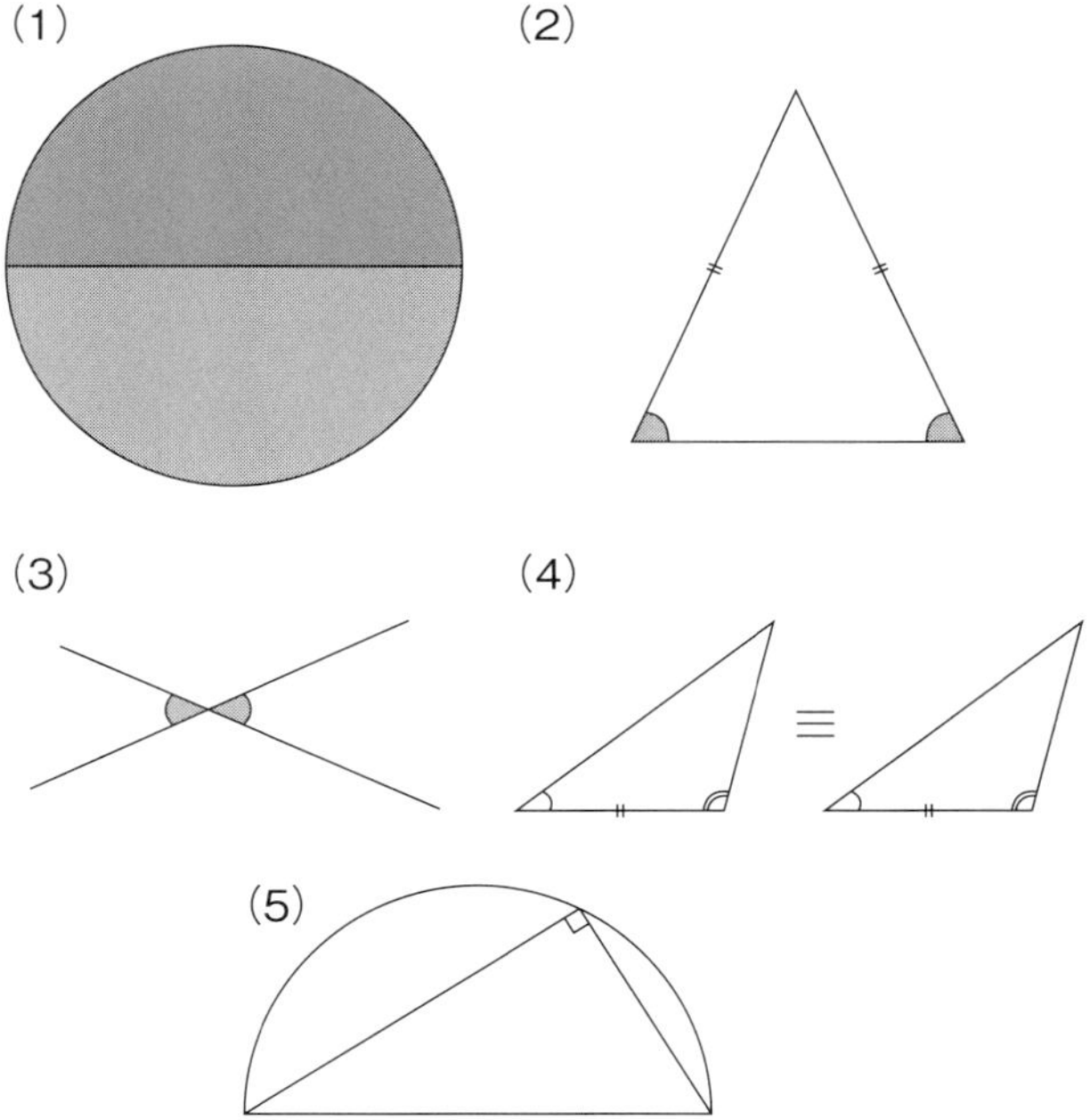

(1) 円はその直径により二等分される。

(2) 二等辺三角形の２つの底角は等しい。

(3) 対頂角は等しい。

(4) 一辺とその両端の角がそれぞれ等しい三角形は合同である。

(5) 半円内の角は直角である。

ところで同じ頃、エジプトでも測量や作図の技術は発展しましたが、それらが幾何学として図形を論理的に捉える学問になることはありませんでした。これは（おそらく）単なる偶然ではありません。

古代ギリシャは民主制を敷いていたので、大事なことは議論の中で決まりました。そのような社会では、**自分の考えを他人に伝えられる力と、他人の言ったことを理解する力**が必要になります。「なぜ、私はこのように考えるのか？」を筋道立てて説明し、自分とは違う他人の意見に対しても「なるほど、あなたの意見も一理ある」と納得できること、すなわち論理的であることが求められたはずです。論理的であることが尊ばれる社会の中でタレスのように、既に知られていた図形の性質を論証しようとする者が現れるのは必然でしょう。

一方、当時のエジプトは強力で安定した王朝国家でした。民衆にとっては「なぜだろう？」と疑問に思うことよりも、王朝の決定を受けて、命令通りに動けることの方が生きる上では大切だったのではないでしょうか。そのような社会では必ずしも論理的である必要はなかったのだろうと想像されます。

古代ギリシャにおいてタレスが始めた「幾何学」はやがて**ピタゴラス**（紀元前582頃―4

96頃）へと受けつがれ、ピタゴラスとその弟子たちのピタゴラス学派のもとで大いに発展しました。プラトンが活躍した頃のギリシャはこうした流れの中にありましたから、論理によって真実を解き明かそうとする数学の中心は幾何学だったのです。プラトンが自らの学校の門に前述のように掲げたのは、**幾何学＝数学を通して論理の基礎を学んだことがなければ、哲学を学ぶことなんてできないよ、**というメッセージだったのでしょう。

　論理的にものごとを考えることが、古代ギリシャにおける幾何学から始まったように、中学の数学でも**ある事実が論理的に正しいことを伝える方法、すなわち「証明」を最初に学ぶのは幾何の分野**です。

†パスカルの説得術について

「人間は考える葦である」で有名なかの**パスカル**（1623―1662）は「説得術について」という文章の中で、**人を説得するには論理的に議論を進めて相手を論破する方法と、人の気に入るようなものの言い方をする方法**の2つがあると書いています。そして（もちろん）パスカルが深く言及しているのは前者の方法についてです。

　パスカルは、論理的な議論を進める上で重要なのは「**定義**」と「**公理**」と「**論証**」についての規則を守ることだと言っています。これについては吉田洋一先生と赤攝也先生の名著『数学序説』（ちくま学芸文庫）に詳しいので、興味のある方は是非お読み下さい。ここではそれぞれを簡単に要約（意訳）しておきます。

〈定義についての規則〉

①これ以上明白に言いようがない用語については無理に定義しようとしない

②少しでも不明なところがのこる用語については必ず定義する

③用語の定義に用いる言葉は意味が明白な言葉に限る

〈公理についての規則〉

①必要な原理はそれを認めるかどうかを必ず確認する

②より簡単にいうことは不可能な、どう考えても正しい事柄のみを「公理」とする

〈論証についての規則〉

①それを証明するためにより明らかなものを探すことが無駄なほど明証的なことがらについては、これを論証しようとしない

②少しでも不明なところがある命題は、すべて証明すること。そしてそれらの証明に使

える命題は、公理かあるいは既に正しいことが証明された命題に限る
③定義によって限定された用語のあいまいさによって誤ることのないように、用いる概念は常にその定義で置き換えてみること

中学数学で証明を学ぶのは２年生の単元ですが、それは仮定、結論、定義といった言葉の意味を確認するところから始まります。そのあと三角形の合同条件や相似条件といった定理を使って、与えられた仮定から結論を導く証明の練習をスタートさせます。

ちなみに「パスカルの説得術」はパスカル自身が一から考えたわけではなく、種本があります。それは聖書と並ぶ大ベストセラーとなった『原論』という書物です。『原論』には中学数学ではほとんど言及のない「公理」についてもしっかり書かれています。

†驚異のベストセラー『原論』の定義と公理

アレクサンドリアの**ユークリッド**（紀元前三三〇頃—二七五頃）は、タレス以降の約三〇〇年の間にギリシャで発展した論証数学を『原論』という書物にまとめました。その後『原論』は19世紀の末までなんと２０００年以上も現役の数学の教科書として世界中で使われ

ることになります。まさに歴史に残る名著と言っていいでしょう。

『原論』には、**定義と公理の上に、既に正しいことが証明された命題を積み重ねることで、ある結論が真であることを論証（証明）する方法**が書かれています。それはパスカルの説得術そのものです。

『原論』が聖書と並ぶベストセラーになったのは、論理的であろうとする人間が身につけるべき素養が完全な形で収められているからでしょう。数学（mathematics）の語源はギリシャ語の「マテーマタ（mathemata）」であり、これは「学ぶべきこと」という意味ですが、『原論』は教養を持つべき知識階級の人間にとって必修の「学ぶべきこと」でした。

全13巻から成る『原論』の内容は非常に多岐にわたっており、一部比例論や数論についての記述もありますが、中心的な話題はやはり幾何学です。

平面図形の性質について書かれた第一巻の冒頭には図形に関する計23個の定義が事細かに書かれています（22頁参照）。

『原論』ではこれらに続いて**公理**が示されます。ただしパスカルが言うところの公理のうち、数学全体に関わるものは『公理』、幾何に関するものは『公準』として区別されているのが特徴です。

「公理」を意味するギリシャ語「アキシオーマタ」は「是認されるべき事柄」という意味を持ちます。つまり**公理とは「議論を進める上の前提として認めること**（共通認識）」を指します。

これに対し、「公準」を意味するギリシャ語「アイテーマタ」は「要請すること」という意味ですから、**公準とは「議論を進める前に一方が他方に対して、これは認めておいてほしいと要請すること**」です。

ただし、今日ではこの2つは区別せずにまとめて「公理」といいます。なお、パスカルは「どう考えても正しい事柄」を公理と呼びましたが、実は必ずしもそうである必要はありません。普通は正しいとは考えられないことを「公理」として採用することもできます。論理的であるために大切なのは、公理の是非ではなく、公理の上に正しく論理が積み重ねられているかどうかだからです。

実際、19世紀には原論で示される公準のうち「平行線公準」と呼ばれる公準⑤（次頁参照）が成立しない幾何学、いわゆる「非ユークリッド幾何学」が誕生し、それはアインシュタインの一般相対性理論に繋がるなど大きな成果を残しています。

ここで原論の第一巻に記されている定義、公準、公理をみてみましょう。

◆定義（『原論』第一巻より抜粋）

定義① 点とは部分をもたないものである

定義② 線とは幅のない長さである

定義⑤ 面とは長さと幅のみをもつものである

定義⑬ 境界とはあるものの端である

定義⑮ 円とは1つの線にかこまれた平面図形で、その図形の内部にある一点からそれへ引かれたすべての線分が互いに等しいものである

定義㉓ 平行線とは同一の平面上にあって、両方向に限りなく延長しても、いずれの方向においても互いに交わらない直線である

私たちからすれば「わざわざ説明されなくてもわかるよ」と言いたくなるようなことがほとんどですが、それらが疑問の入り込む余地のない言葉で明確に定義されていることがわかってもらえると思います。

続いては公準です。原論の第一巻に記されている公準は5つあります。

◆公準（『原論』第一巻より）

公準①　任意の点から任意の点へ直線を引くこと
公準②　有限直線を連続して一直線に延長すること
公準③　任意の点と距離（半径）とをもって円を描くこと
公準④　すべての直角は互いに等しいこと
公準⑤　1本の直線が2本の直線と交わり、同じ側の内角の和が2直角（180°）より小さいならば、その2直線が限りなく延長されたとき、内角の和が2直角より小さい側で交わる

いずれも図形に関する記述ですが、特に公準①と③は定規とコンパスを使って作図をする際の「要請」です。

ところで、①～⑤の中で⑤だけ特異な印象を受ける人は少なくないでしょう。これがいわゆる「平行線公準」ですが、そもそも何を言っているのかが分かりづらいので、解説しておきます。

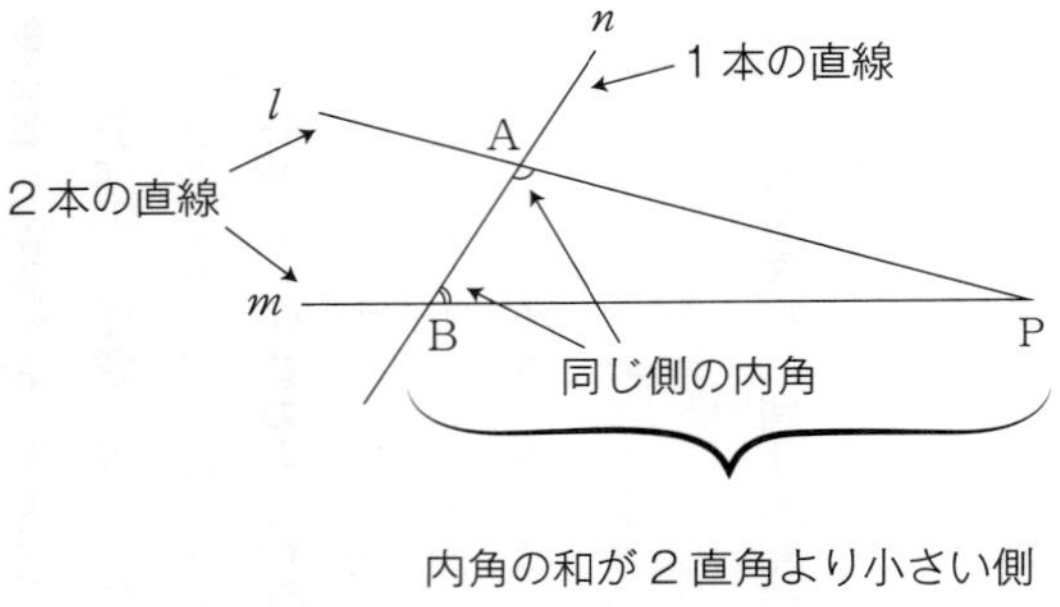

公準⑤（平行線公準）が意味するところは、上の図で直線nが直線lおよびmと交わったとき、

$$\angle PAB + \angle PBA < 180^\circ$$

であれば、lとmは「内角の和が2直角（180°）より小さい側（上の図でPのある方）」で必ず交わるということです。逆に言えば、もし内角の和が2直角（180°）であれば、lとmとは永遠に交わらない（平行である）ということになります。

原論が世に出てからあと、多くの数学者は平行線公準を自明な「公理」とすることに疑問を抱きました。他の定義、公理を使って証明できるのではないかと考えたわけです。結局それは不可能だったわけですが、前述の「非ユークリッド幾何学」は、平行線公準を証明しようとする試行錯誤が発端となって生まれました。

原論に記されている公理も紹介します。やはり5つあります。

◆**公理**（『原論』第一巻より）

公理① 同じものに等しいものはまた互いに等しい
公理② 等しいものに等しいものが加えられれば全体は等しい
公理③ 等しいものから等しいものが引かれれば、残りは等しい
公理④ 互いに重なり合うものは互いに等しい
公理⑤ 全体は部分より大きい

こちらは数学全般に言えることですね。公理①〜③はいわゆる「等式の性質」でこれについては次章の方程式のところで触れたいと思います。

これまで見てきたように、黎明期の幾何学は、人類が論証のための方法論を獲得するための基礎になりました。そして中学数学で幾何を学ぶ最も重要な意味もまさにここにあります。2つの図形が合同であることや、相似であること、あるいはある直線と他の直線が垂直に交わることなどを証明しなくてはいけない機会は社会に出ればまずないでしょう。

それでも私たちが幾何を学ぶのは、私たちの祖先と同じように、図形を通して論理的であるために必要な力を身につけるためなのです。

情報を整理し活用する「分類」

ものごとを論証する方法の他に、私たちが幾何を通して身につけるべき力があります。それは**情報を整理し活用するための分類ができる力**です。

分類、と聞くとロジカルシンキングについて書かれた本などでお馴染みの「ＭＥＣＥ《ミッシー》な分類」を思い出す人は多いと思います。ＭＥＣＥ(Mutually Exclusive and Collectively Exhaustive)とは**ダブりも漏れもない**ということで、これが分類の基礎であることは間違いありません。しかし幾何を通して学ぶべき分類はＭＥＣＥな分類から一歩進んだ、「**情報を増やすための分類**」です。

例えば、書店に行ったときのことを想像してください。夥しい数の本が並べられています。でも私たちは大抵、そう時間をかけずに興味を引かれる本にたどり着くことができるでしょう。それは、書店では本がジャンルごとに分類されているからです。もし本が書名順に並べられているとしたらどうでしょうか? 面白そうな本を探しだすのはとても骨が折れるはずですね。なぜなら書名による分類はMECEな分類ではありますが、あなたにとって有益な情報をほとんど何も与えてくれないからです。

仮にあなたが音楽に興味があるとします。ジャンルごとの分類では音楽関連の書物は一箇所にまとめられていますから、あなたがそのコーナーで食指を動かされる可能性はとても高いでしょう。ジャンルごとに分類してあれば、未知の本に対しても、その内容を推測することができます。すなわち未知の本の情報が増えます。

初対面の人を、出身地や出身校、星座、血液型などで分類しようとするのも、そのようにカテゴライズすることによって（そのことの是非はともかく）初めて会う人についての情報を得ようとするからですね。

幾何学で図形を二等辺三角形や平行四辺形などに分類することを学ぶのは、**分類によって情報が増えるという経験を積んでもらうため**です。

ある三角形について2つの底角が等しいことが分かれば、その三角形は二等辺三角形に分類できて、二等辺三角形が持つすべての性質を持つことがわかります。一挙に情報が増えるわけです。

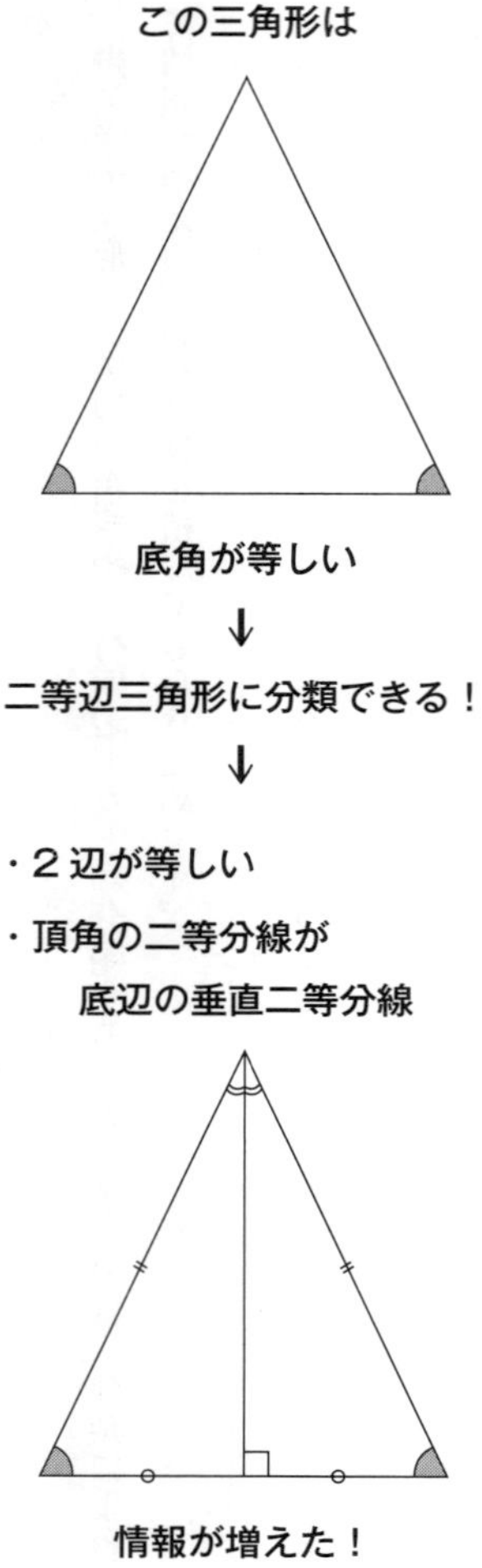
この三角形は
底角が等しい
↓
二等辺三角形に分類できる！
↓
・２辺が等しい
・頂角の二等分線が
底辺の垂直二等分線
情報が増えた！

†さまざまな視点――水平思考を磨く

数学を学ぶ目的は何かと問われたら、私は「論理的思考力と発想力を磨くためです」と答えます。これまで見てきたように、幾何を通して身につくものごとを論証する力はまさに論理的思考力の根幹をなすものです。

論理的思考は「垂直思考（＝Vertical Thinking）」と言われるのに対し、既存の概念や論理に捉われず、自由な発想で物事を多方面から見ることを「水平思考（＝Lateral

Thinking)」といいます。水平思考が得意な人はものごとをさまざまな視点で見ることができる人です。あなたのまわりにも「よくそんなことを思いつくなあ」と感心してしまうような「賢い人」がきっといるでしょう。このような人は総じて発想力に優れています。

私は、数学を学ぶことで論理的思考力を磨けば、他人には「ヒラメキ」に思えるような問題解決のためのアイディアを必然的に思いつけるようになる、と常々言っています。多くの人が水平思考だと思っている発想が実は、垂直思考（論理的思考）の賜物だというのはよくあることです。

ただ、論理的思考では説明がつかない、周囲があっと驚くような斬新な視点が必要なシーンも確かにあります。そしてそれを可能にする水平思考を磨くのに数学が無力かと言うと決してそんなことはありません。数学——とりわけ幾何——からさまざまな視点を持つコツは学ぶことができます。

ものごとをさまざまな視点から見ることができるようになるために、最初に磨くべき視点は次の2つです。

- **逆を見る視点**
- **立場を変えて見る視点**

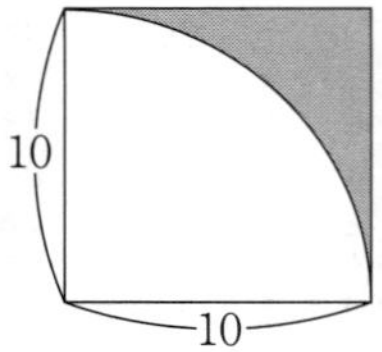

「逆を見る視点」というのは、例えば、上の図のグレーの部分の面積を求める際に、全体から扇形の部分の面積を引いて

$$10\times10-10\times10\times\pi\times\frac{1}{4}=100-25\pi$$

と考える視点のことです。「**求めたいもの（グレーの部分）以外を見る視点**」とも言えます。

一方、左図のBCを底辺とする直角三角形のxの長さをABを底辺とする三角形の高さ

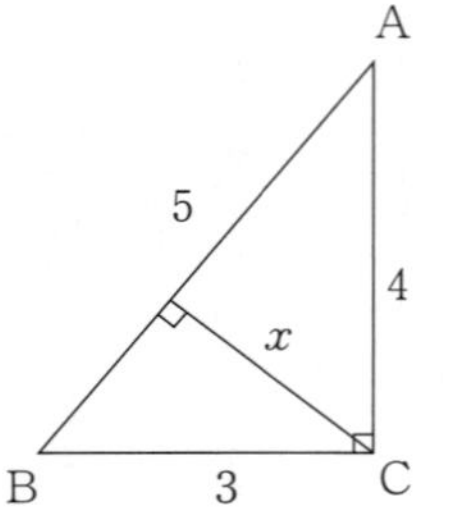

$\triangle ABC=3\times4\div2=6$

立場を変える

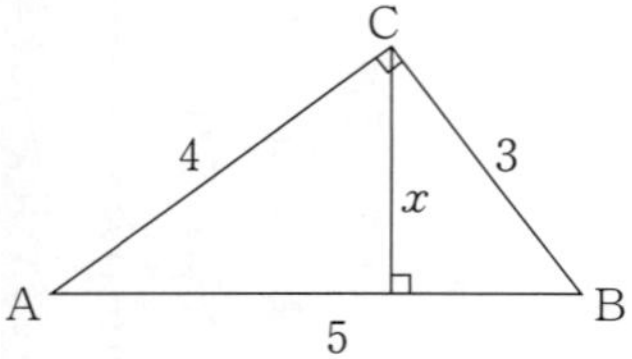

$\triangle ABC=5\times x\div2=6$

$\Rightarrow\quad \frac{5}{2}x=6$

$\Rightarrow\quad x=6\times\frac{2}{5}=\frac{12}{5}$

と見なして計算する視点は、「立場を変えて見る視点」です。

いずれの視点も、中学数学に限って言えば、幾何学から学ぶのが最も手っ取り早いと思います。

ではいよいよ中学数学で学ぶ幾何学の具体的な内容に入っていきます。

論証、分類、視点の3つがキーワードです。

論証する力を磨く中学数学

†「良い形式」を身につける――証明のすすめ方（中2）

最初にいくつかの言葉の意味を確認しておきましょう。

命題：文章や式で表された事柄のうち、その真偽が客観的かつ明確に判断できるもの

（命題の例）三角形の内角の和は180°である（真）

　日本の人口は3億人である（偽）

（命題でない例）円は美しい（美しいかどうかは主観的な判断）
日本の国土は狭い（日本の国土はアメリカよりは狭いが、スイスよりは広い。
真偽が明確には定まらない）

仮定と結論：ある命題が「○○ならば□□である」の形で表されているとき、○○の部分を仮定、□□の部分を結論という。

（例）「正方形ならば４辺の長さが等しい」の仮定は「正方形」、結論は「４辺の長さが等しい」
「Ａ＝ＢならばＡ＋Ｃ＝Ｂ＋Ｃ」の仮定は「Ａ＝Ｂ」、結論は「Ａ＋Ｃ＝Ｂ＋Ｃ」
「nが整数のとき、$2n$は偶数」の仮定は「nが整数」、結論は「$2n$は偶数」
（注）命題が「○○ならば□□である」の形をしていないときは、「ならば」を含む形に変形して考える。

定義：言葉や記号の意味を明確に述べたもの

（例）正三角形の定義：３つの辺の長さが等しい三角形を正三角形という。

素数の定義：2以上の自然数のうち、1と自分自身以外に約数を持たない数を素数
という。

公理：証明なしに正しいと認めて議論の出発点にする事柄

定理：真であることが証明された事柄のうち、大事なもの、よく使われるもの

証明：定義や公理、定理などを根拠にして仮定から正しい推論を進め、結論を導くこと

†「正しい推論」について

ところで「正しい推論」とはなんでしょうか？

これは少々中学数学の内容からは逸脱しますが、大事なことなので記しておきます。推論の方法には大きく分けて**演繹**と**帰納**の2つがあります。

演繹とは、一般的に成り立つ事柄を具体例に当てはめて考えることです。

例えば「三角形の内角の和は180°。だから、正三角形の内角の和は180°である」というのは「三角形の内角の和は180°」という一般に成り立つ事柄を「正三角形」にあてはめているので演繹です。

一方、**帰納とは、**演繹の逆で**いくつかの具体例に共通する性質や法則を一般に成り立つ**

と考えることをいいます。

例えば「正三角形の内角の和は180°。3つの角が30°, 60°, 90°の直角三角形も内角の和は180°。だから、一般に三角形の内角の和は180°である」というのは正三角形と直角三角形に共通する事柄が三角形全体に成立すると考えているので帰納です。

数学では帰納的に得られた結論をもって証明とすることはできません。あてはまる具体例をいくら集めたとしても、1つでも反例があればその命題は偽になってしまうからです。例えば、素数について「3も7も13も31も43も79も素数であり、これらはすべて奇数である。だから素数ならば奇数である」とするのは帰納ですが、この「証明」は明らかに間違っています。なぜなら「2」は素数ですが偶数だからです。

数学の証明では公理や定義や定理、あるいは既に正しいことが証明された命題だけを根拠にします。これらの「一般に成り立つこと」を使って推論する**数学の証明は常に演繹であると考えてください。**

ただし演繹であれば必ず「正しい推論」か、というとそうとは限らないので注意が必要です。次の2つの例を比較してみましょう。

①「横浜は神奈川にある。神奈川は関東にある。よって横浜は関東にある」

②「横浜は神奈川にある。よって横浜は海に面している」

①は正しい推論であり、完璧な証明ですが、②は正しい推論とは言えません。どちらも「横浜は神奈川にある」という事実を「公理」にしている点は同じです。また②の結論である「横浜は海に面している」も事実としては正しいです。でも、②は「証明」にはなっていません。なぜでしょうか？ それは①**が良い形式**であるのに対して、②**は悪い形式**だからです。①と②を抽象的に表せば

①「A＝Bである。B＝Cである。よってA＝Cである」

②「A＝Bである。よってA＝Dである」

という形をしていることがわかります。このように書けば②の「よって」には何の論拠もないことがわかりますね。

結局のところ、**推論が正しいか正しくないかは、「形式」が良いか悪いかによって決まります**。このことに最初に気づいたのは論理学の父であり、ソクラテス、プラトンと並んで西洋最大の哲学者の一人と称される**アリストテレス**（紀元前384―322）です。彼は『オルガノン』という著作の中で、①のように2つの前提を持つ推論（三段論法）について様々な形式を調べ、それぞれが良いか悪いかを判断し、これを整備しました。

†証明の初歩——三角形の合同条件（中2）

中学数学では証明のすすめ方についての基礎を学んだすぐ後に、それを実践する材料として「三角形の合同」を学びます。次に示す三角形の合同条件は証明に用いてよい「定

【三角形の合同条件】

（ⅰ）3つの辺が等しい（3辺相当）

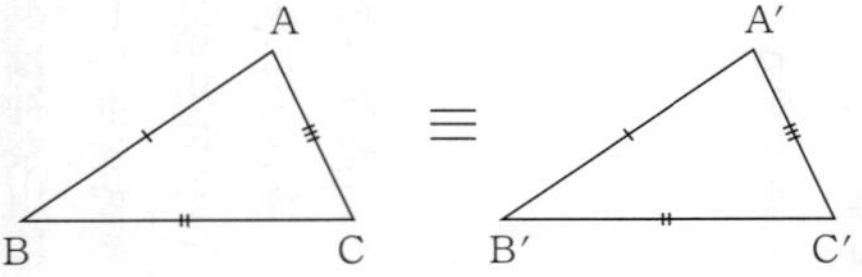

（ⅱ）2辺とその間の角が等しい
（2辺夾角相当）

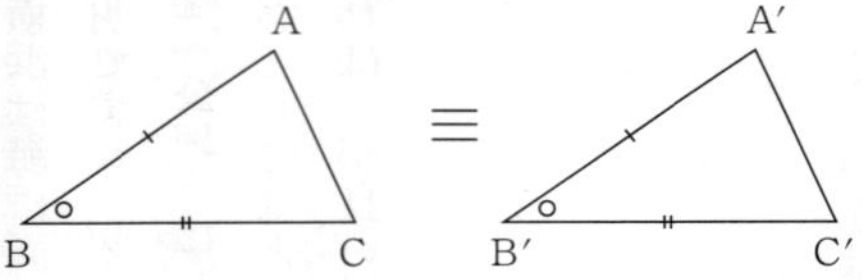

（ⅲ）2角とその間の辺が等しい
（2角夾辺相当）

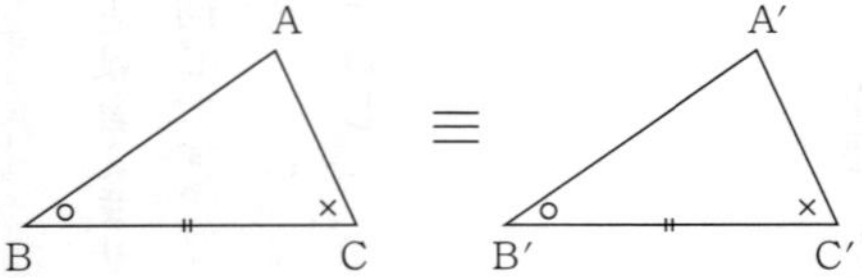

（注）2つの図形がぴったりと重ね合わせられることを「合同」という

理」です（「≡」は合同を表す記号です）。

では実際に、三角形の合同条件を用いる証明問題をやってみましょう。

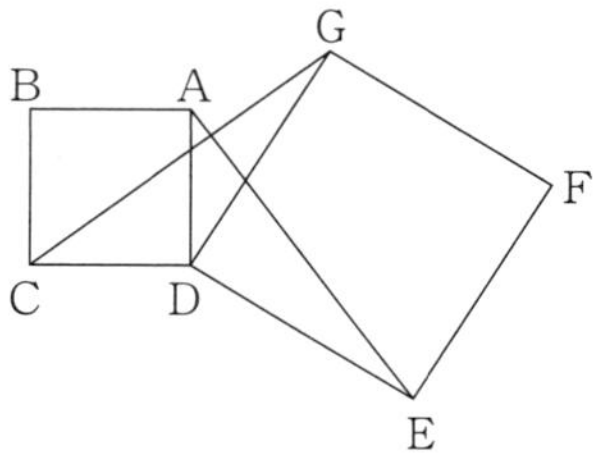

【問題】

上の図で四角形 ABCD と四角形 EFGD は
それぞれ正方形です。
このとき

AE = CG

であることを証明しなさい。

【解答】

△ADE と △CDG において、

∠ADE = ∠ADG + 90° ……①

∠CDG = ∠ADG + 90° ……②

①、②より

∠ADE = ∠CDG ……③

また

AD = CD（四角形 ABCD は正方形）……④

DE = DG（四角形 EFGD は正方形）……⑤

③、④、⑤より、2辺とその間の角が等しいので

△ADE ≡ △CDG

合同な図形の対応する辺の長さは等しいので

AE = CG

（証明終わり）

（おそらく）社会人である読者の皆さんにとってはこの問題が解けるかどうかは、重要ではありません。大事なのはこの証明が**「良い形式」の演繹的推論によって成り立っている**ことを確認してもらうことです。①と②から③を導くのは、原論で示された公理①（25頁）そのものですし、③、④、⑤から「△ADE≡△CDG」を導くのは「三角形の合同条件」という定理を使っています。

外項の積

$$a : b = p : q \Rightarrow aq = bp$$

内項の積

†「外項の積＝内項の積」を使いこなす——三角形の相似条件（中3）

中3に進むと今度は三角形の相似条件を学びます。

1つの図形を一定の割合で拡大または縮小した際に得られる図形はもとの図形と**相似**であるといいます。大きさは問わず同じ形をした図形どうしは相似であり、相似な図形どうしの対応する角度の大きさと、対応する辺の長さの比は等しくなります。

特に比が等しいことがわかれば、有名な上記の関係（外項の積＝内項の積）が使えますから**図形問題で相似な図形を見つけること**は大きな意味を持ちます。

三角形の相似条件は3つあり、やはりこれは証明に用いることができる定理です（∽は相似を表す記号です）。

【三角形の相似条件】

（ⅰ）3組の辺の比がすべて等しい（3辺比相当）

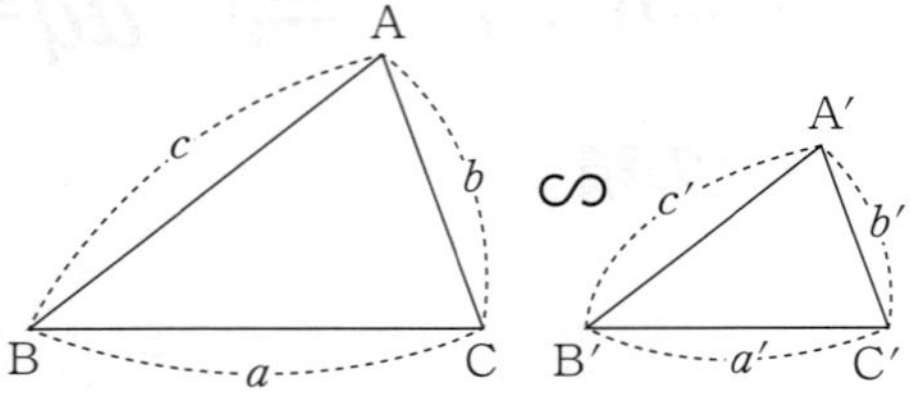

$a : a' = b : b' = c : c'$

（ⅱ）2組の辺の比とその間の角が等しい

（2辺比夾角相当）

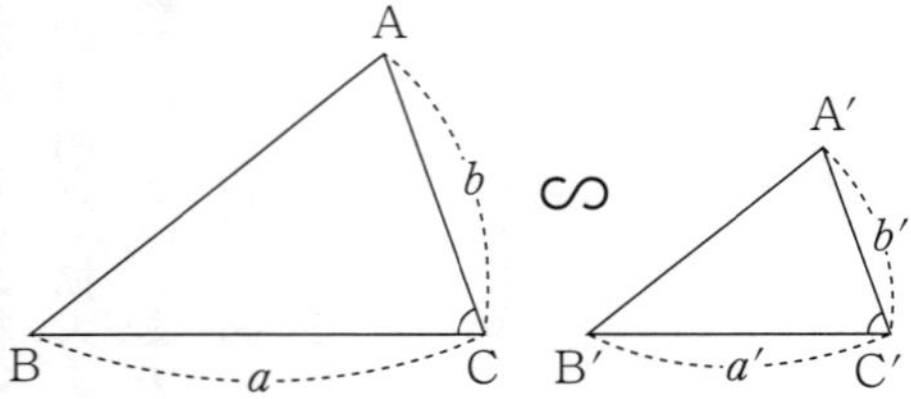

$a : a' = b : b'$

$\angle C = \angle C'$

（ⅲ）2組の角がそれぞれ等しい（2角相当）

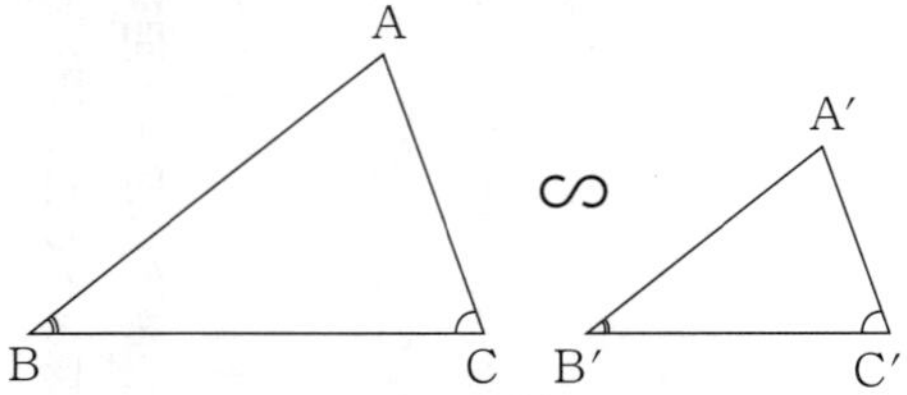

$\angle B = \angle B'$

$\angle C = \angle C'$

†相似の問題演習

今回はちょっと難しい問題にチャレンジしてみましょう。

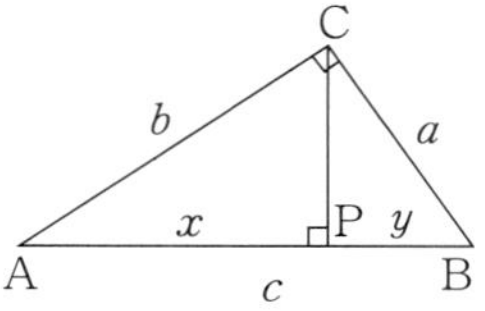

【問題】

∠Cが90°の直角三角形ABCにおいてCからABに下ろした垂線とABとの交点をPとします。

上図のように各辺に名前をつけたとき次の（1）と（2）を証明しなさい。

（1）$b^2=cx$

（2）$a^2+b^2=c^2$

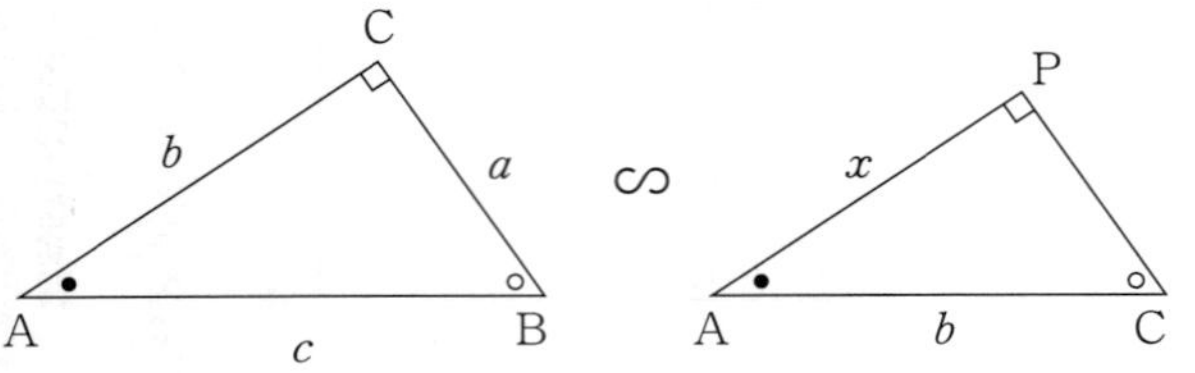

【解答】

（1）

△ABCと△ACPについて

　$\angle CAB = \angle PAC$ ……①

　$\angle ACB = \angle APC$（$=90°$）……②

①と②から2角が等しいので

　$\triangle ABC \backsim \triangle ACP$

対応する辺の長さは等しいので

　$b : c = x : b$

「外項の積＝内項の積」から

　$b^2 = cx$ ……③

（証明終わり）

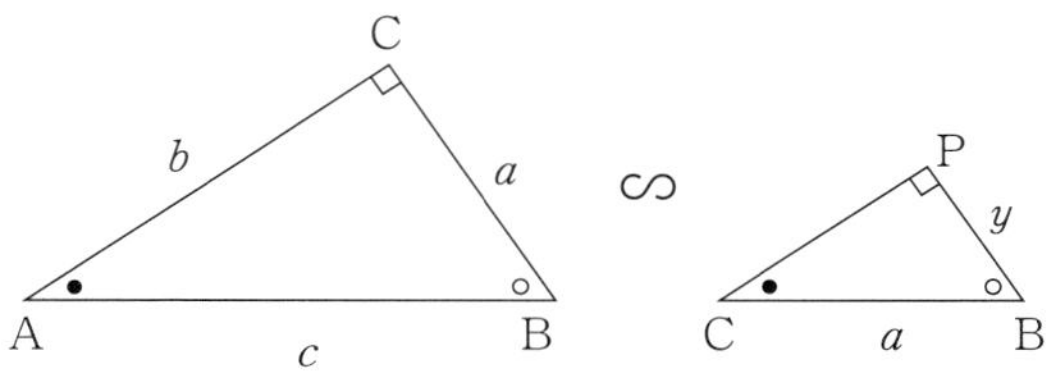

（2）

（1）とまったく同様に考えることで、

$\triangle ABC \backsim \triangle CBP$

が示せます。するとやはり対応する辺の比は等しいので

$a : c = y : a$

「外項の積＝内項の積」から

$a^2 = cy$ ……④

③＋④より

$a^2 + b^2 = cx + cy = c(x + y)$

ここで「$x + y = c$」である（問題の図参照）ので

$a^2 + b^2 = c^2$

（証明終わり）

（2）の結論は次に触れる「三平方の定理」ですね。ちなみに右の証明方法は「アインシュタイン式」と呼ばれています。

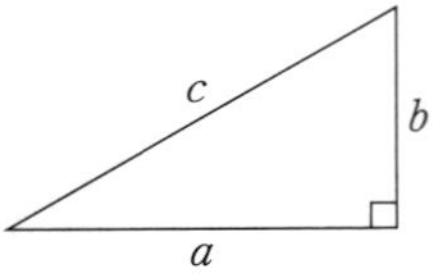

$$a^2+b^2=c^2$$

中学数学の到達点——三平方の定理（中3）

三平方の定理とは、上図のように、直角三角形において斜辺の2乗は他の2辺の2乗の和に等しくなるという定理です。別名を「ピタゴラスの定理」ともいいますが、この事実はピタゴラスが発見したわけではなく、測量の現場などではピタゴラス以前からよく知られていました。ただしこれをはじめて証明したのは、ピタゴラスだということになっています。

「三平方の定理」にはピタゴラスが考えたもの以外にも100以上の証明方法があり、前頁で示した「アインシュタイン式」もその一つです。異なるアプローチでも同じ結論に到達するのは論理的であることの醍醐味と言えますが、それにしても証明のアプローチが100以上もあるというのは驚きです。

中学数学の最後の単元である「三平方の定理」は、中学数学の一つの到達点であると同時に、高校以降の深淵なる数学の世界も垣間見せてくれる豊かさや美しさを持った定理であると言えるでしょう。それだけに古今東西の人々がこの定理に魅せられ、多くの証明方

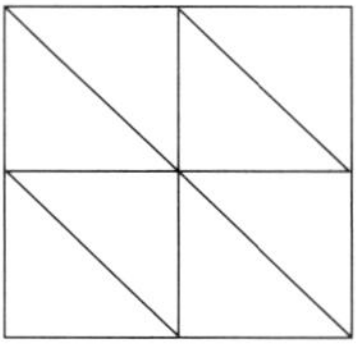

図1

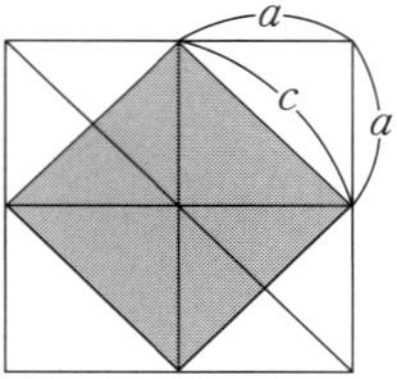

図2

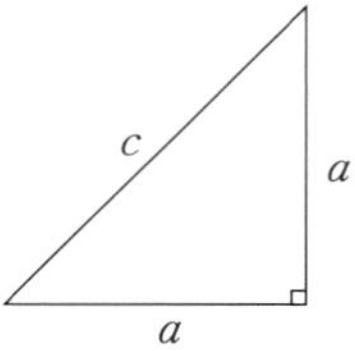

$$a^2+a^2=c^2$$

図3

法が編み出されたのだと思います。

　ピタゴラスはこの定理の証明を次のように思いついたそうです。

　あるときピタゴラスは、生地であるギリシャのサモス島で、ヘーラー神殿という神殿を散策していました。ふと下をみると、足元には図1のようなタイルが敷き詰められていたそうです。

このシンプルな模様に図2のようなグレーの正方形を作ることで、ピタゴラスは一辺がaの正方形の面積（a^2）4つ分の半分（つまり2つ分）が、グレーの正方形の面積（c^2）に等しいことを発見しました。

　すなわち

$$2\times a^2=c^2 \quad \rightarrow \quad a^2+a^2=c^2$$

です。これは直角二等辺三角形の場合の三平方の定理に他なりません（図3）。

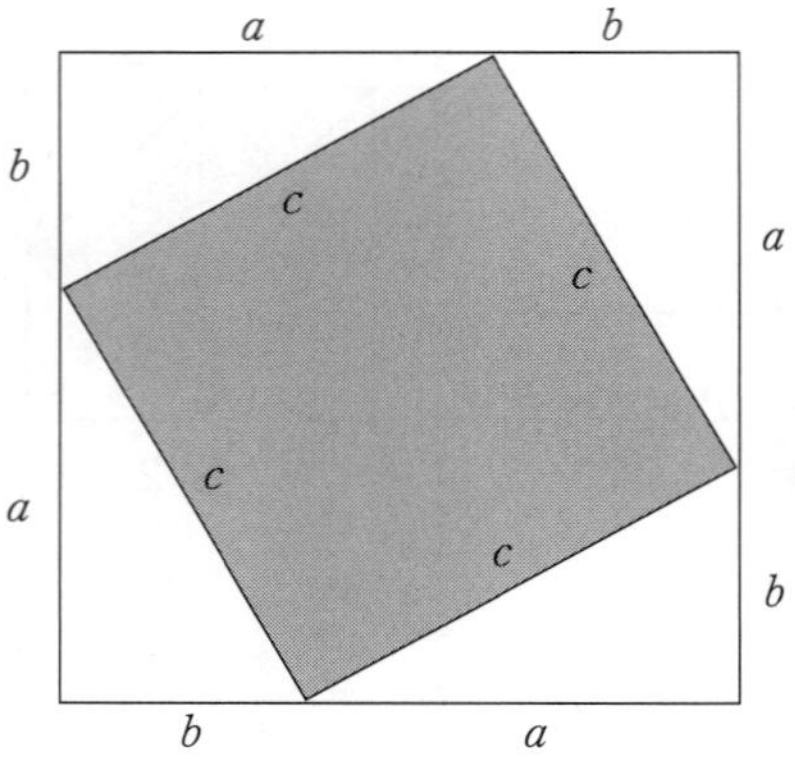

$$(a+b)^2 = c^2+\frac{1}{2}ab\times 4$$

⬇

$$a^2+2ab+b^2 = c^2+2ab$$

⬇

$$a^2+b^2 = c^2$$

最終的にピタゴラスは右のような図を書くことで一般の直角三角形について証明をしました。

大きな正方形一辺の長さは$a+b$、グレーの正方形の一辺の長さはcですから

大きな正方形の面積＝グレーの正方形の面積＋直角三角形×4

を用いて右下の式のように証明できます。

分類する力を磨く中学数学

†多くの定理が成立する「美しい図形」——円（中3）

中学数学ではさまざまな図形の性質を学び、それをもとに図形を分類することを学びますが、ここでは特に円を取り上げたいと思います。

かつて古代ギリシャ人は円を「**最も美しい図形**」と呼びました。もちろんそのフォルムからそう呼んだのかもしれませんが、それだけでは「論理的」であることを第一とする古代ギリシャの人々をして「美しい」と言わしめることはできなかったでしょう。古代ギリシャ人が円を美しいと感じたのは、円には実に**様々な定理が成立する**（次頁以降にまとめます）からだと私は思います。

円は単純な図形です。『原論』の定義⑮（22頁）にもあるように（嚙み砕いて言えば）円とは「中心からの距離が一定の点の集合」に過ぎません。こんなにシンプルに定義される図形なのに、多くの定理のおかげで、**ある図形が円に内接する図形に分類できることがわ**

（ｉ）円周角の定理

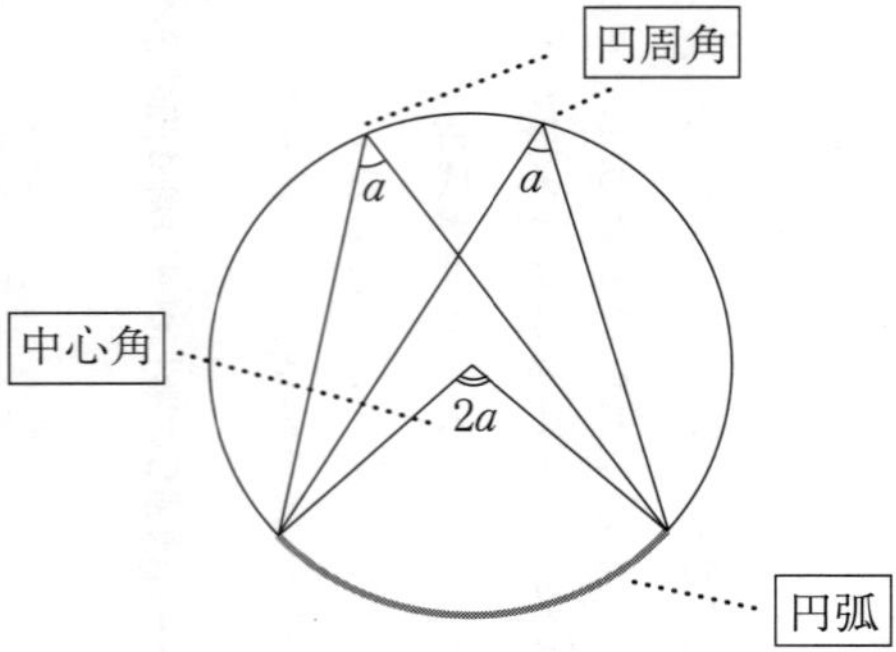

・１つの円弧に対する円周角の大きさは一定

・円周角は中心角の半分

（ⅱ）円周角と弧の定理

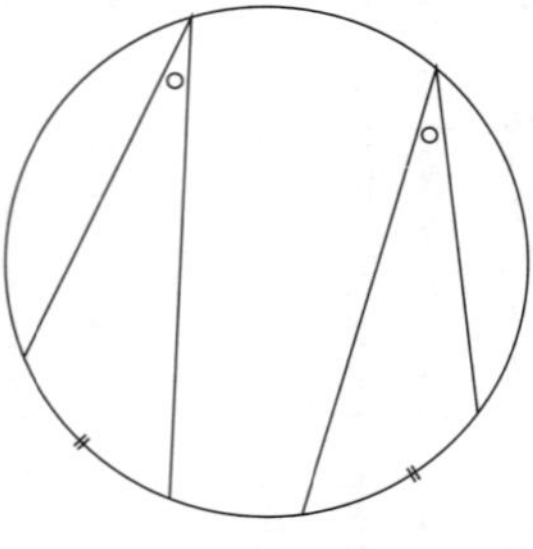

・１つの円で、等しい円周角に対する弧は等しい

・１つの円で、等しい弧に対する円周角は等しい

(iii) 円周角の定理の逆

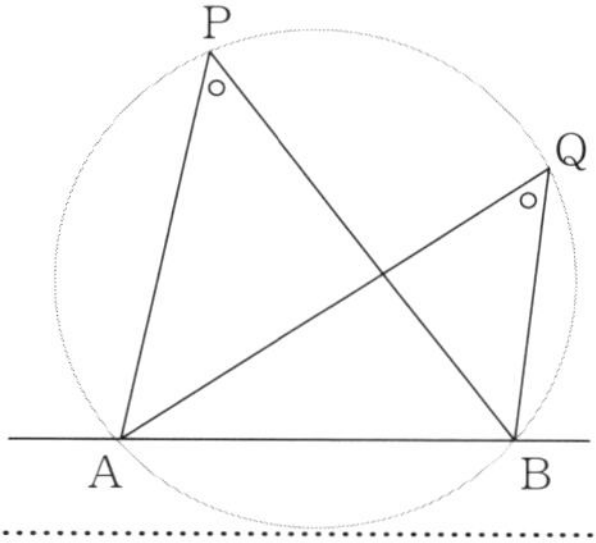

2 点 P、Q が直線 AB について同じ側にあって、

$$\angle APB = \angle AQB$$

ならば、4 点 A、B、P、Q は同一円周上にある。

(iv) 円に内接する四角形の定理

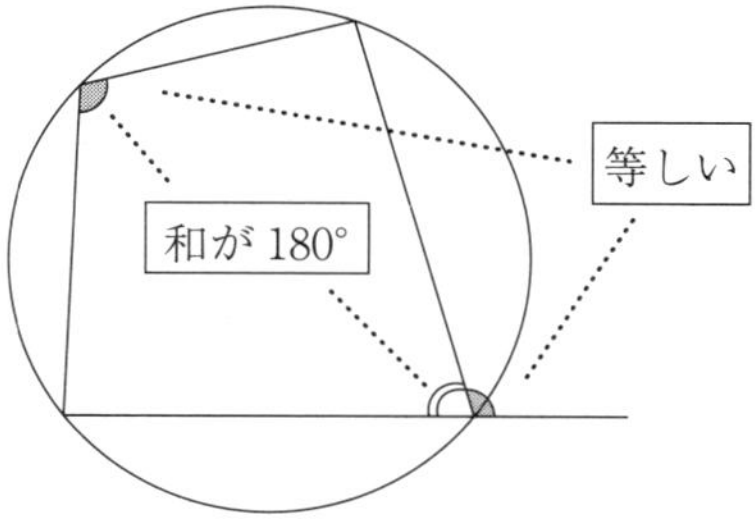

・対角の和は 180°

・外角はそのとなり合う内角の対角に等しい

(v) 円に内接する四角形の定理の逆

次の (1) または (2) が成り立つ四角形は円に内接する。

(1) 1 組の対角の和が 180°

(2) 1 つの外角が、そのとなりあう内角の対角と等しいかると、一挙に情報が増えて、問題が解決することがよくあります。図形問題を解いていて、手がかりが足りない感じがするときは、円に内接する図形を探すのは定石です。

円の問題演習

また少し難しい問題演習にチャレンジしてみましょう。この問題のヒントは円に内接する四角形をいくつか見つけることです。

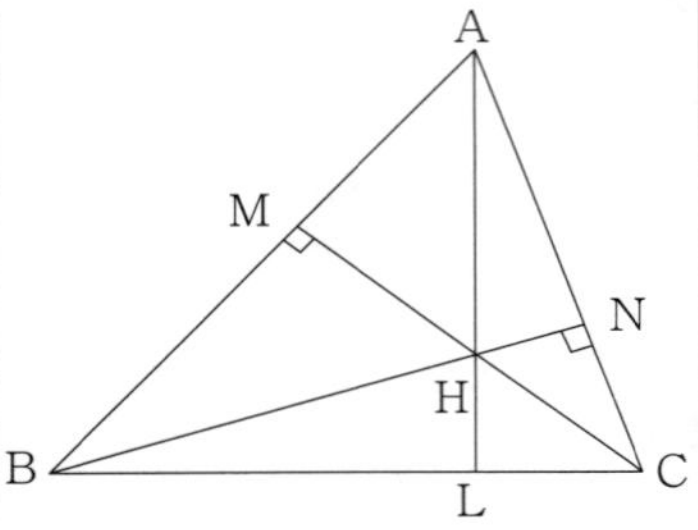

【問題】

上の図の△ABCにおいて、BN⊥AC、CM⊥ABとし、BNとCMの交点をHとする。このとき、AHの延長とBCとの交点をLとすると

AL⊥BC

になることを証明しなさい。

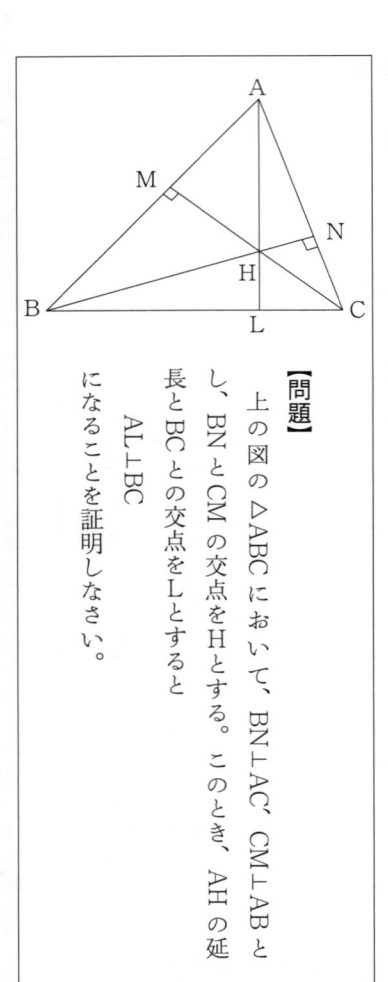

【解説】

どんな三角形でも、三角形の各頂点から対辺に下ろした3本の垂線は一点（垂心といいます）で交わることが分かっていますが、このことを証明するのは一般に簡単ではありません（色々な方法があります）。

ここではこれを、図形の中から**円に内接する四角形を3つ見つける**ことで証明していきます。

図 1

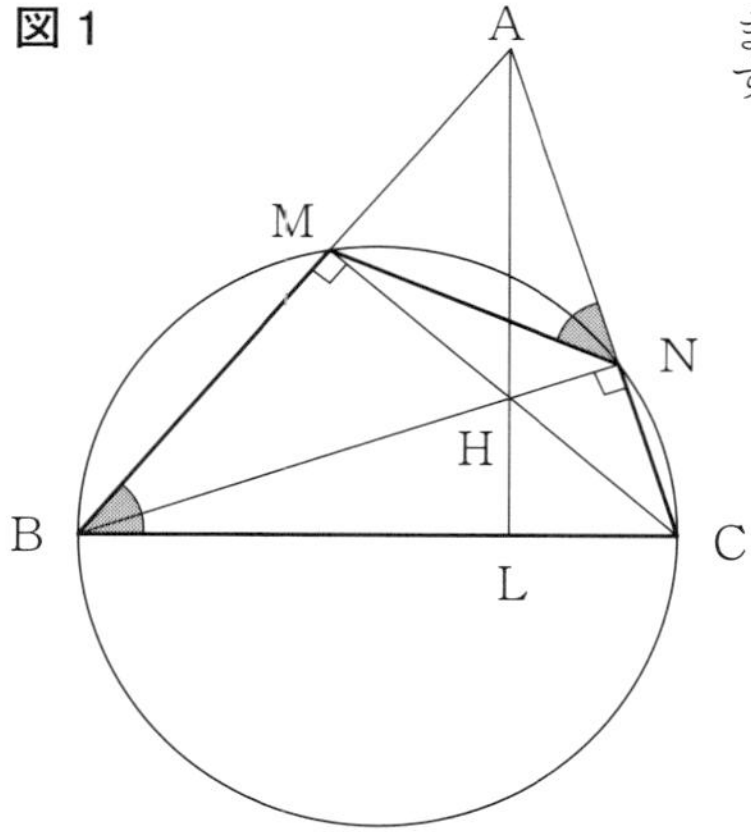

図 2

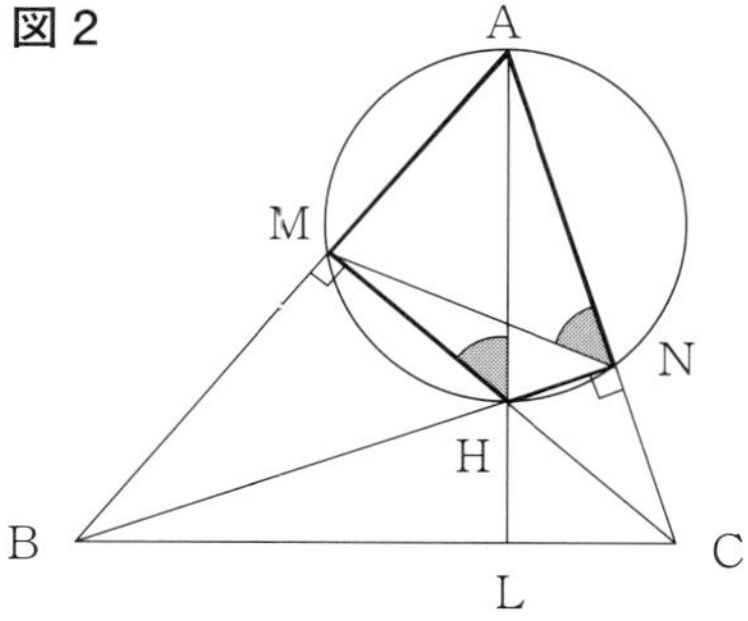

【証明】

□MBCN に注目すると、仮定より

∠BMC = ∠BNC（=90°）

なので、（iii）**円周角の定理の逆**（49頁）より、□MBCN は円に内接することがわかります（図1）。すると、（iv）**円に内接する四角形の定理**（49頁）より

∠MBL = ∠ANM ……①

です。次に、□AMHN に注目します。仮定より

∠AMH+∠ANH = 180°（90°+90°=180°）

なので、（v）**円に内接する四角形の定理の逆**（49頁）より、□AMHN は円に内接します（図2）。

すると（i）**円周角の定理**（48頁）より

∠MHA = ∠ANM ……②

①、②より

∠MBL = ∠MHA

これは、□MBLH において「1つの外角が、そのと

図 3

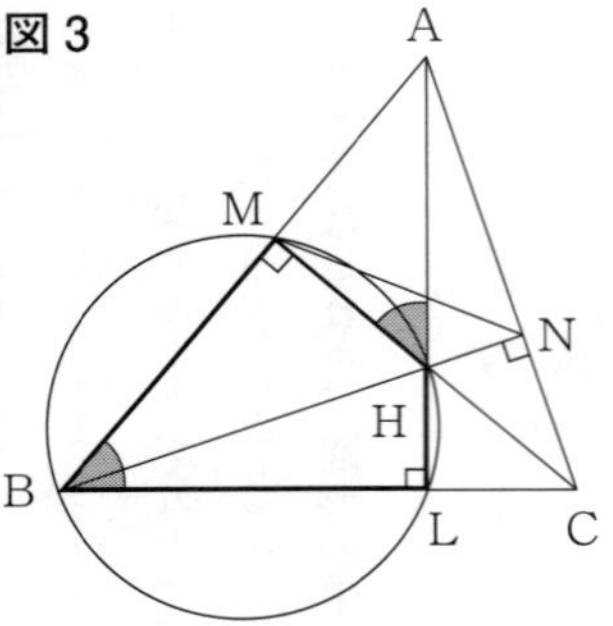

なりあう内角の対角と等しい」ことを示すので、（ｖ）**円に内接する四角形の定理の逆**（49頁）より □MBLH は円に内接します（図3）。

（iv）**円に内接する四角形の定理**（49頁）より

$\angle BMH + \angle BLH = 180°$

仮定より、$\angle BMH = 90°$ なので

$90° + \angle BLH = 180°$

よって

$\angle BLH = 90°$

以上より

$AL \perp BC$

（証明終わり）

繰り返しますが、この証明は難しいので、解くためのものというよりは観賞用です。

これを見て、定理を重ねて用いることで目的のもの（AL⊥BC）を示していることと、**「円に内接する四角形」に分類できる四角形を次々に見つけることで、図形の情報がぐっと増えている様子**を味わってください。

さまざまな視点を磨く中学数学

†「逆を見る視点」を磨く――面積と長さ（中1）

さまざまな視点の基本である「逆を見る視点」は数学のあらゆるシーンで活躍しますが、この視点の力を最も直感的に味わえるシーンは求積問題（面積を求める問題）でしょう。早速次の問題を考えてみます。

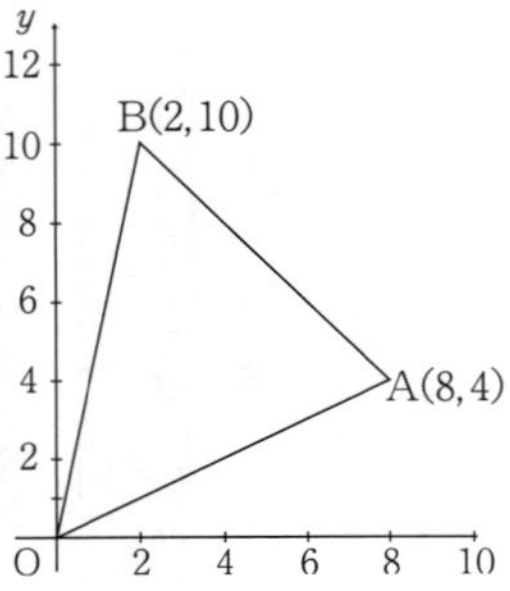

【問題】

上の △OAB の面積を求めなさい。

【解説】

高校に進めば、頂点の1つが原点と重なっている三角形の面積を、原点以外の2つの点の座標から計算する公式を学びますが、中1の段階ではそれはふつう知りません。すると、この三角形の面積を正面から見る視点（正攻法）で求めることはできないわけです。そこで、**求めたいもの以外を見る**「**逆の視点**」を使います。左の図のように三角形のまわりに

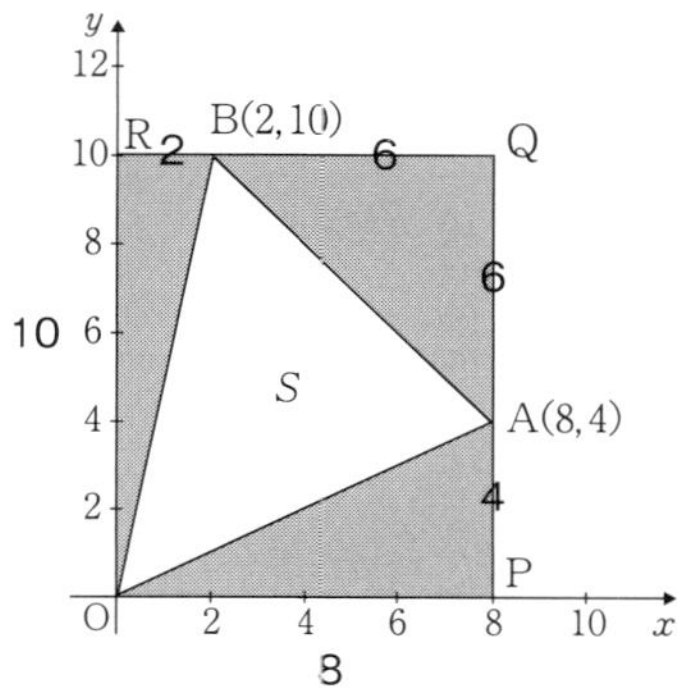

【解答】

△OAB の面積を S とすると

S = □OPQR−(△OPA

＋△AQB＋△OBR)

□OPQR ＝ 8×10 ＝ 80

△OPA ＝ 8×4÷2 ＝ 16

△AQB ＝ 6×6÷2 ＝ 18

△OBR ＝ 2×10÷2 ＝ 10

よって、

S ＝ 80−(16＋18＋10) ＝ 36

よって、

△OAB の面積は **36**

長方形OPQRをつくり、△OAB以外の3つの直角三角形の面積を引きましょう。

「三角形のまわりに長方形を思いつくことができない」

という声もあるかと思いますが、30頁の例のような「求めるもの以外」が見えているケースから始めて「逆を見る視点」を磨いていけば、この問題のような「求めるもの以外」が見えていないケースにも対応できるようになります。

大切なのは54頁のような問題に対しても「逆の視点」を使っているのだとしっかり意識しておくことです。

†「立場を変えて見る視点」を磨く――三平方の定理の利用（中3）

さまざまな視点のもう一つの基本である「立場を変えて見る視点」もやはり色々なシーンで学ぶことができますが、ここでは三平方の定理を空間に利用する問題を例にとってお話したいと思います。

なお次の問題には

三角錐の面積＝底面積×高さ÷3

を使います。

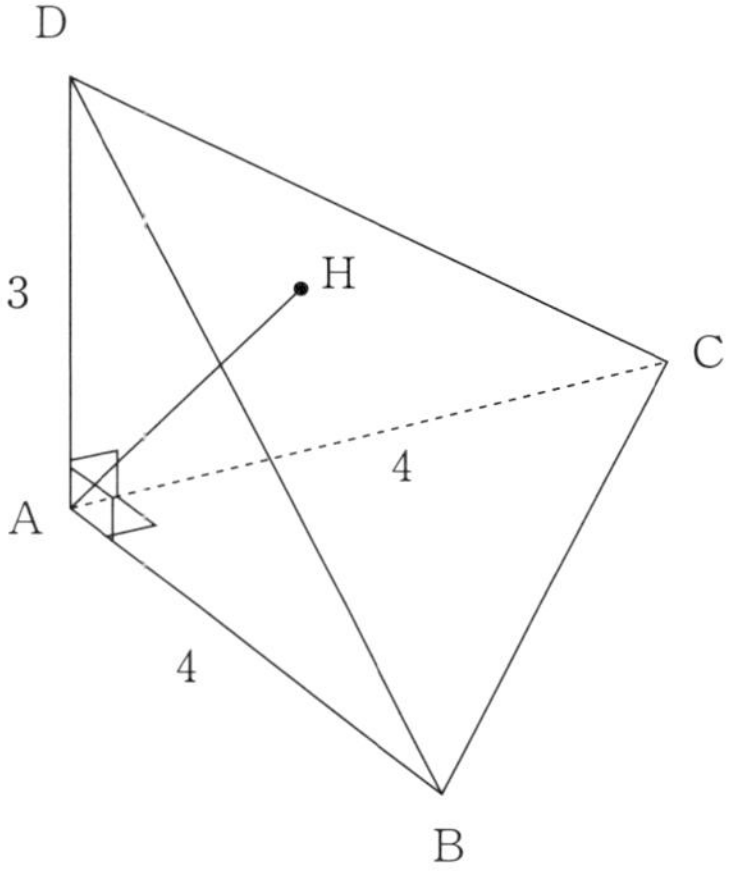

【問題】

上の三角錐ABCDにおいて、

AB = AC = 4

AD = 3

∠BAC = ∠DAB = ∠DAC = 90°

です。

このとき頂点Aから△DBCに下ろした垂線AHの長さを求めなさい。

【解説】

問題文の図では△ABCが底面、ADが高さになっていますが、立場を変えて△DBCを底面にすれば、求めるAHはこの三角錐の高さであると捉えることができます。

準備として、三角錐ABCDの体積と△DBCの面積が必要です。

また立体の問題では**平面図形を抜き出して捉える視点**も重要になります。

【解答】

三角錐 ABCD の体積を V とすると

$$V = \triangle \mathrm{ABC} \times \mathrm{AD} \div 3 = 4 \times 4 \times \frac{1}{2} \times 3 \times \frac{1}{3} = 8 \quad \cdots\cdots ①$$

△ABD、△ACD、△ABC は直角三角形なので、三平方の定理（44 頁）より、BD、CD、BC の各辺の長さは次の通り。

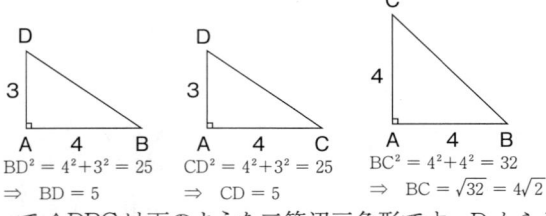

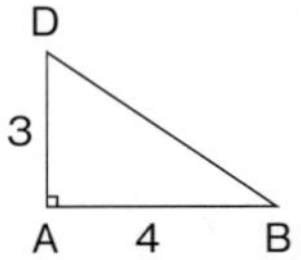

$\mathrm{BD}^2 = 4^2+3^2 = 25$

$\Rightarrow \quad \mathrm{BD} = 5$

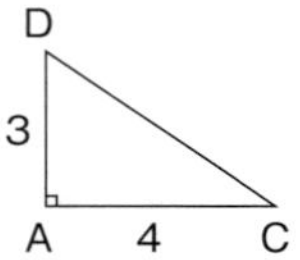

$\mathrm{CD}^2 = 4^2+3^2 = 25$

$\Rightarrow \quad \mathrm{CD} = 5$

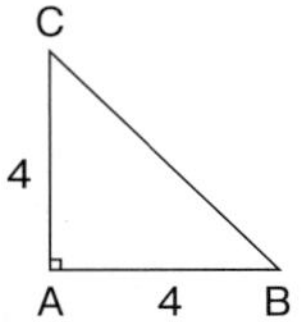

$\mathrm{BC}^2 = 4^2+4^2 = 32$

$\Rightarrow \quad \mathrm{BC} = \sqrt{32} = 4\sqrt{2}$

よって △DBC は下のような二等辺三角形です。D から BC に下ろした垂線の足を M として三平方の定理を使うと

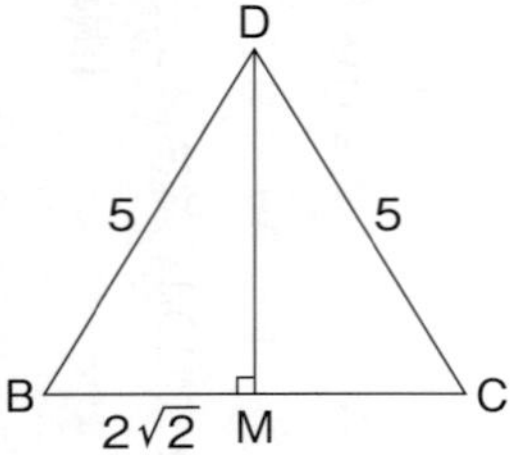

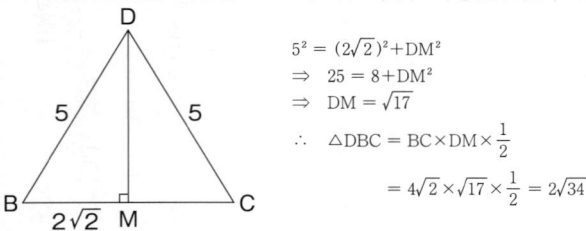

$5^2 = (2\sqrt{2})^2 + \mathrm{DM}^2$

$\Rightarrow \quad 25 = 8 + \mathrm{DM}^2$

$\Rightarrow \quad \mathrm{DM} = \sqrt{17}$

$\therefore \quad \triangle \mathrm{DBC} = \mathrm{BC} \times \mathrm{DM} \times \frac{1}{2}$

$= 4\sqrt{2} \times \sqrt{17} \times \frac{1}{2} = 2\sqrt{34}$

ここで三角錐 ABCD の底面を △DBC と思えば

$$V = \triangle \mathrm{DBC} \times \mathrm{AH} \div 3 = 2\sqrt{34} \times \mathrm{AH} \times \frac{1}{3}$$

①から

$$8 = 2\sqrt{34} \times \mathrm{AH} \times \frac{1}{3}$$

$$\mathrm{AH} = \frac{24}{2\sqrt{34}} = \frac{12}{\sqrt{34}} = \frac{12\sqrt{34}}{34} = \boldsymbol{\frac{6\sqrt{34}}{17}}$$

この問題も決して易しくはないと思いますが、発想の肝となっているのは、

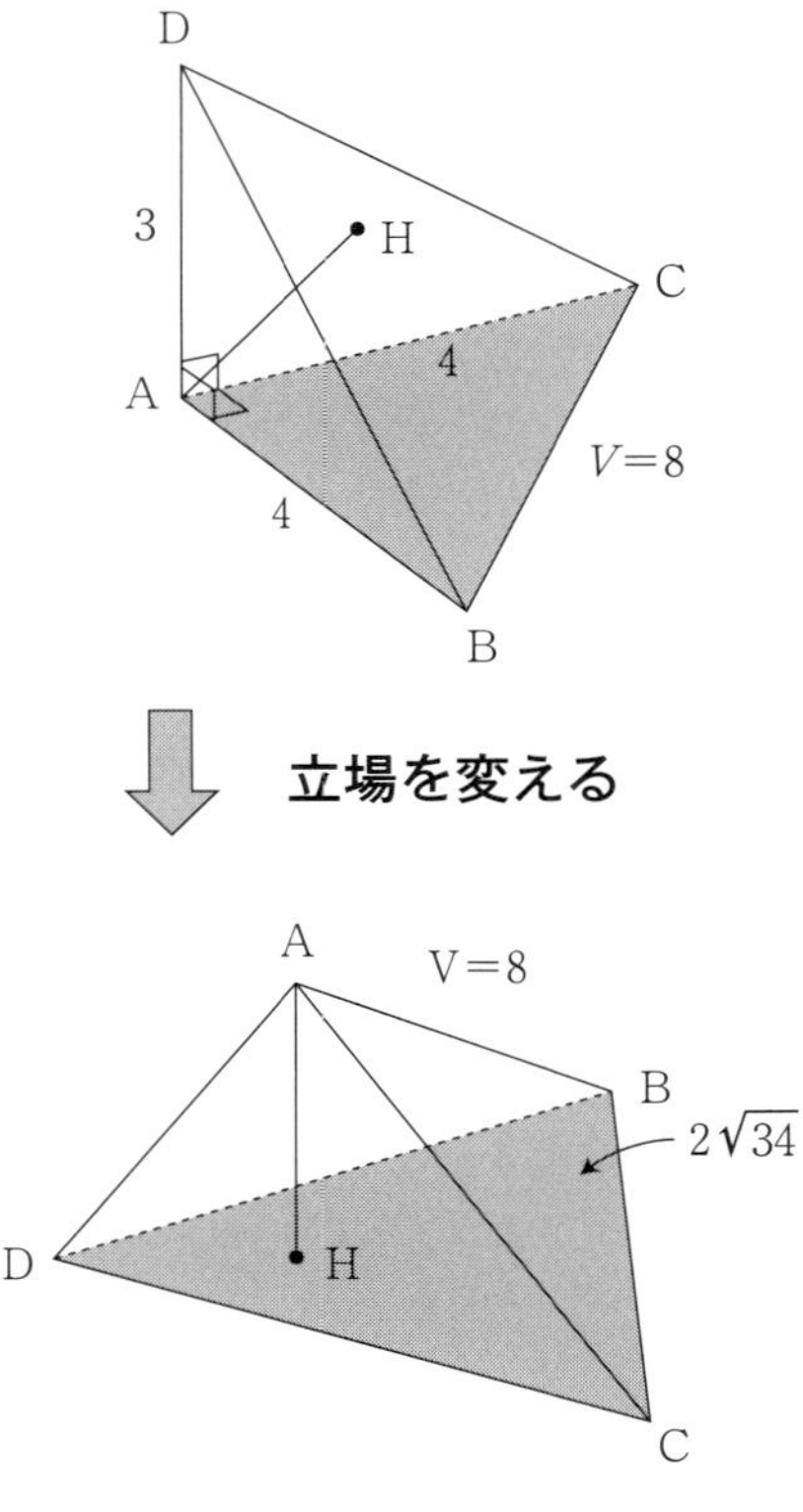

このように立場を変える視点をもつことです。こうして書けば、これが30頁と同じ発想であることがわかってもらえると思います。

これで、第1章「図形——幾何学」は終わりです。第2章ではインドで産声をあげた「数と式——代数学」を取り上げます。

第２章

数と式

——代数学

＋　－　÷　×

中学の数と式から学ぶこと
Ⅰ　イメージ力
Ⅱ　合理的なプロセス
Ⅲ　モデル化

西のギリシャ、東のインド

第1章で詳しくみたように、ギリシャでは幾何学（図形）を通して論証数学が大きな発展を遂げました。ただギリシャの人々にとって「数学」の対象になるのは主に図形だったので、彼らが扱ったのは長さや面積といった「量」がほとんどでした。そのため数そのものを計算する技術はあまり発展しませんでした。

これに対し、数の計算技術が進んでいたのは**インド**です。それはインドが（今の私たち

アラビア数字	1	2	3	4	5	6	7	8	9	10	50	100	500	1000	……
インド	१	२	३	४	५	६	७	८	९	१०	५०	१००	५००	१०००	……
ローマ	I	II	III	IV	V	VI	VII	VIII	IX	X	L	C	D	M	……
中国	一	二	三	四	五	六	七	八	九	十	五十	百	五百	千	……
ギリシャ（アッティカ式）	Ι	ΙΙ	ΙΙΙ	ΙΙΙΙ	Π	ΠΙ	ΠΙΙ	ΠΙΙΙ	ΠΙΙΙΙ	Δ	𐅄	Η	𐅅	Χ	……

と同じように）10種類の「数字」ですべての数を表す「**位取り記数法**」を早くから取り入れていたことが関係しています。

インドではいち早く数としての「0《ゼロ》」が発見されたため、遅くとも5、6世紀頃には既に現代のアラビア数字に通じる方法で数を表していたことがわかっています（上表参照）。一方、他の文明ではローマ数字や漢数字のように、位があがるたびに新しい文字を使ういわゆる「**桁記号記数法**」が使われていました。

桁記号記数法は数を記録する際にはとても便利です。例えばアラビア数字で「1000038」と書かれるとひと目では幾つかわかりませんが、これを（桁記号記数法の）漢数字で表せば「百万三十八」となりすぐにわかります。

しかし、桁記号記数法で「百三×二十九」のような計算を筆算で行おうとすると、絶望的な気分になるでしょう。これに対し「103×29」は簡単に筆算できます。実際にやってみればすぐにわかるとおり、**計算（筆算）では位取り記数法の方が圧倒的に有利**です。

　　百三
×）二十九
　　？？？

　　103
×）　29
　　927
　206
　2987

こうして、5、6世紀頃、0の発見によって位取り記数法を使っていた東のインドでは計算技術としての数学が発展しました。

†1000年も受け入れられなかった「負の数」

7世紀頃、0より小さい数としてはじめて「負の数」を考えだしたのがインド人であったのは、当時の彼らが数に関して最も進んだ文化を持っていたからでしょう。ただし、それは数学者たちの手によるものではありませんでした。負の数を発明したのは商人たちで、例えば「100万円の借金」を「−100万円の利益」のように表すようになったのが最初でした。インドではほどなくして数学者にも負の数は受け入れられ、7世紀の中頃に書かれた数学書の中に負の数に関する記載が見つかっています。

一方、ヨーロッパの数学者たちが負の数を受け入れるようになったのは17世紀頃でした。なんと1000年にもわたる長い間、西洋の数学者たちは負の数を数学の世界に取り入れることに抵抗を示し続けたのです。なぜでしょうか？　それは**「負の数」がイメージ力を必要とする数だから**です。例えば「－3個のパン」と言ってみたところで、目の前に具体的に「－3個」を示すことはできません。目の前に具体的に示すことができないという意味において負の数は――正の数とは違って――、概念的であり、抽象的です。

それに、負の数を単に「0より小さい数」と理解するだけでは、負の数を含んだ計算、特に掛け算や割り算は不可解です。負の数を含む四則演算を理解するためには、負の数とはどういう数であるかを頭の中でイメージし、これを明確に定義していく必要があります。これが簡単でないことは言うまでもありません。実際、現代に生きる私たちでも負の数どうしの掛け算が正の数になることをきちんと説明できる人は決して多くないと思います（本章では後半で「$(-1)\times(-1)=+1$」を解説します）。

中学数学では負の数の他に「無理数（平方根）」も学びますが、「無理数」もやはりイメージする力が必要な数です。

実体がないものでもそれを概念として理解できることは他の動物にはない人間だけの特

権でしょう。対象を、概念を通してみることができれば、私たちの思考は大きく飛躍します。概念を生み出し、概念を深めることによって私たちは世界をより理解することができるのです。

数学の勉強が進めば進むほど、具体的にはイメージすることが難しい抽象論が多くなります。中学数学で**負の数と無理数を学ぶことは、概念を通して世界を見る最初の経験**なのです。

†古代オリエントで産声をあげた「代数学」

ギリシャやインドで数学が飛躍した時代から遡《さかのぼ》ること数千年。エジプト、メソポタミア、インダス、中国の各地でいわゆる「古代四大文明」が栄えていた頃、人々の生活の中には生活の知恵としての「数学」が既にありました。どの文明も大きな河川の近くで発展しましたから、河川の氾濫は避けては通れず、元通りに復元するために測量や作図の技術は不可欠でした。また社会生活の中では税金の徴収が早くから行われていましたから、そこで「計算」が必要になったことは想像に難くありません。

論理的にものごとを考えたり、筆算を使って計算したりするようになる遥かまえから、生活に密着した技術として——算数的な意味における——数学は存在していたのです。なかでもエジプトとメソポタミア（あわせてオリエント地方といいます）では、その進歩は目覚ましいものがありました。

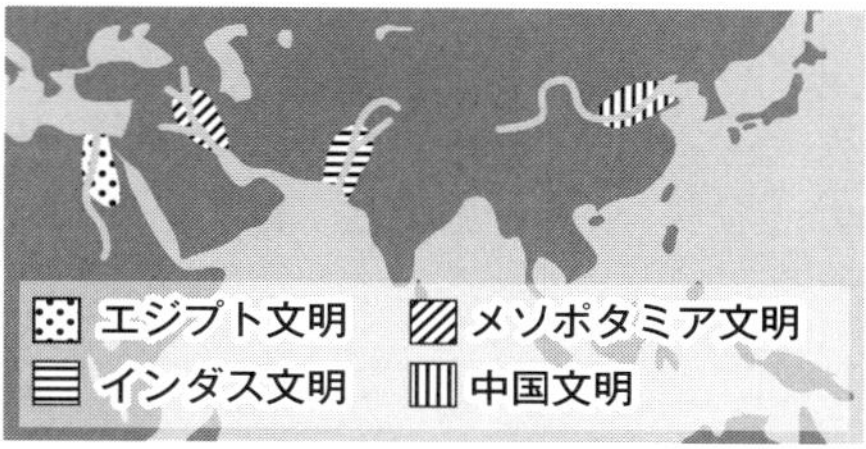

古代オリエント地方の「数学」がいかに進んでいたかを示す書物も残っています。現在イギリスの大英博物館に所蔵されている紀元前１８００年頃の数学書**「リンド・パピルス」**です。ヘンリー・リンドという人物が発見者から買い取って所有していたことからこの名がつきました。ちなみにパピルスというのは、古代エジプトで使われていた紙の原料名で、英語のpaperはこのパピルスが語源だと言われています。

リンド・パピルスには約90題の「文章題」が収められていて、その中には「アハ問題」と呼ばれる次のような問題があります（アハ：山積みされた穀物の量のこと）。

「ある量にその7分の1を加えると19になる。ある量とはいくつか？（問題24）」

これは未知数（ある量）を x と置けば

$$x+\frac{1}{7}x=19$$

と表せる基本的な1次方程式の問題であると考えられます。でもこの問題を右のような数式に表せるようになるのはずっと後（16世紀末）のことです。

では、古代エジプト人はどうやってこの問題を解いたのでしょうか？

彼らは解となる数を仮定することからはじめました。先の問題では、例えば解を「7」と仮定します。すると

$$7+\frac{1}{7}\times 7=8$$

より計算の結果は「8」。問題で求められているのは「19」なので、最初においた「7」を「$\frac{19}{8}$」倍することを考えます。

$$7\times\frac{19}{8}=\frac{133}{8}$$

このようにして、答えは「$\frac{133}{8}$」であることがわかります。

なんだか回りくどい感じがしますが、答えを仮定し、得られた計算結果から、正しい解へと修正していく方法は、「方程式」の解法として1世紀頃の中国でも、4世紀頃のギリシャでも、また6世紀〜7世紀頃のインドでも広く使われていました。

（注）ただし、古代エジプトでは分数は分子が1のものしか扱えなかった（例外として$\frac{2}{3}$だけはこれを表す記号があった）ので、「$\frac{19}{8}$」や「$\frac{133}{8}$」は

$$\frac{19}{8}=2+\frac{1}{4}+\frac{1}{8}\qquad \frac{133}{8}=16+\frac{1}{2}+\frac{1}{8}$$

のように考える必要があり、計算はさらに複雑でした。

中学数学における「数と式」の各単元は、いわゆる「代数学」の基礎にあたる部分です。**代数学というのは**——文字通り——**数の代わりに文字を使って「方程式」を解くための方法およびそこから発展した数学全般**を指します。

代数学で数字の代わりに文字を使うのは、**方程式の解法や数の性質を一般化することが大きな目標**です。この意味において、リンド・パピルスの冒頭に書かれている次の言葉は、大変示唆に富んでいます。

物の中に存在するすべての謎と秘密を知るための正確な計算法。

（三浦伸夫著『ＮＨＫスペシャル「知られざる大英博物館」古代エジプトの数学問題集を解いてみる』ＮＨＫ出版）

リンド・パピルスに収められている文章題は、「１００個のパンを10人に分ける。ただし船乗りと隊長と門衛には他の者の2倍与えるとする。各人の分け前はいくらか？（問題65）」のような日常の生活に関係する問題がほとんどです。これらの問題が解けることは大河のほとりで暮らす文明の中で培われた「生活の知恵」だったのでしょう。

しかし一方で古代エジプトの人々は、リンド・パピルスの中に収められているような複雑な計算の中に、「物の中に存在するすべての謎と秘密を知る」術《すべ》が隠されていることに気づいていたのではないでしょうか。彼らは具体的な問題の解法の中に、一般化できるような「真理」を見ていたのかもしれません。

後述のとおり、今日の形に直接繋がる代数学が始まるまでには、古代オリエント文明以降、長い時間が必要です。しかし「アハ問題」が「方程式」であることに違いはなく、古代エジプトの人々が具体的な数値計算の中に一般化できる真理を感じていたのなら、リンド・パピルスに収められた解法は代数学の萌芽であったと言っても決して過言ではないと思います。

†代数学の2人の「父」

代数学は英語で「algebra」と言います。これはアラビアの数学者**アル・ファーリズミー**（780頃―846頃）が著した『ヒサーブ・アル・ジャブル・ワル・ムカバラ（"Hisab al-jabr w'al-muqabalah"）』の「al-jabr」が語源です。

（注）al-jabr：移項する＝方程式の両辺に等しい数を加えて負の項を消去する
al-muqabalah：縮小する＝方程式の両辺から同じ数を引いて同類項を消去する

この著作には**未知数を文字で置いて方程式を立てること**と、立てた**方程式を移項によって解く方法**が示されています。また、2次方程式を6つに分類し、それぞれを解く公式も与えました。方程式の解法についてのこれらの功績によってアル・ファーリズミーは「代数学の父」と呼ばれています。

ただし、方程式を私たちに馴染みの深い

$$ax^2+bx+c=0$$

のような形で表せるようになるのは17世紀になってからのことです。

意外と知られていないことですが、「＝」や四則演算を表す「＋、－、×、÷」などの記号が考えだされたのは、そんなに昔のことではありません（上表参照）。さきほど、アル・ファーリズミーは未知数を文字で置いて方程式を立てることを示した、と書きましたが、彼は未知数を「shay（あるもの）」という単語で表しました。

数学記号の発明

1489年	＋、－	ヨハン・ヴィッドマン（ドイツ）
1557年	＝	ロバート・レコード（イギリス）
1631年	×	ウィリアム・オートレッド（イギリス）
1659年	÷	ヨハン・ハインリッヒ・ラーン（スイス）

数を一つの文字で表すことを最初に提唱したのは、16世紀にフランスで活躍した**フランソワ・ヴィエト**（1540－1603）です。彼は著作『解析術入門』の中で未知数については母音のA、E、I、O、U、Yを使い、既知数については子音のB、D、Gなどを使うことを述べています。数の代わりに文字を使う代数はヴィエトによって始まったことから、ヴィエトもまた「代数学の父」と呼ばれています。

なお、未知の量にx、y、z……、既知の量にa、b、c……などを使ったのは**デカルト**（1596―1650）が最初です。

方程式を解くために必要なこと

未知数を含み、その未知数が特定の値をとるときだけに成立する等式のことを**方程式**といい、この特定の値を**解**、または**根**といいます（『大辞泉』）。

中学では1次方程式、連立1次方程式、2次方程式といった方程式の解法を学ぶわけですが、ここで学びたいことは次の3つです。

（1）新しい「＝」の意味
（2）合理的なアルゴリズム
（3）モデル化

ひとつずつ見ていきましょう。

（1）小学校の算数で使っていた次のような等式

$$2+3=5$$

における「＝」は、「＝」の左辺と右辺が**常に正しい**ことを意味します。昨日は正しかったけれど、今日は正しくないとか、東京では正しいけれど大阪では間違っている、なんてことは（もちろん）ありません。数学ではこのようないつでも「＝」が成立する式のことを**恒等式**といいます。文字を使った次の式も同じく恒等式ですね。

$$x+x+3=2x+3$$

（注）「恒等式」という言葉は高校数学（数Ⅱ）で登場します。

一方、方程式に使われる「＝」は**「特定のケース」にだけ成立する「＝」**です。例えば

$$2x+3=7$$

という方程式の「＝」はxが2のときだけに成立する「＝」ですね。

中学に入って初めて方程式を習ったとき、「＝」に新しい意味が加わったという自覚はあまりなかったかもしれません。でも、なんとなく新鮮でそれでいて不思議な感じを覚えませんでしたか？「あ、そんなことしていいんだ」という感慨を持った人は少なくないと思います。

算数以来お馴染みの「＝」と方程式で新しく学んだ「＝」の違いを理解することは日本語の「すべて」と「ある」の用法の違いを理解することに繋がります。また次の2つの英

文の意味の違いを理解することも助けてくれるでしょう。

① He has friends, who like music.（彼には友人がいて、友人たちは音楽が好きです）

② He has friends who like music.（彼には音楽が好きな友達がいます）

①と②の違いは関係代名詞「who」の前にカンマがあるかないかだけですが、その意味するところは大分違います。

①はいわゆる関係代名詞の「非制限用法」で、先行詞に説明を加える言い方です。この表現は先行詞の範囲を限定しないので、「彼の友人たちはみな音楽が好きです」というニュアンスになります。一方の②はいわゆる「制限用法」で、先行詞の範囲を限定する表現です。こちらは「彼には音楽が好きな友人がいますが（おそらく）音楽が好きでない友人もいます」というニュアンスになります。

2つの英文をあえて（無理やり）「＝」を使って表してみると、どちらも

「彼の友人＝音楽好き」

になるかと思いますが、非制限用法の①の「＝」は恒等式的、制限用法の②の「＝」は方

程式的だと言えるでしょう。

（2）ある問題の解が正しいかどうかを決めるのは何だと思いますか？　問題集ならば、後ろに載っている答えと合っていれば正解、と断ずることができますが、社会に出てから直面する問題には「答え」なんてありませんよね。

ある問題の解（結論）が正しいかどうかを決めるのは、解そのものではありません。**正誤を判断する根拠はいつもその解が導かれたプロセスにあります。**

ある事件の犯人がAであるという結論（解）があるとしましょう。それが

「Aは近所で評判のわるい人物」→「だからAが犯人」

というプロセスで導かれたものならこれは合理的ではないので「Aが犯人」という結論の信憑性は低いと言わざるを得ません。しかし

「現場に残っていた毛髪のDNAがAと一致」→「だからAが犯人」

というプロセスから導かれたものなら「Aが犯人」という結論は高い確率で正しいと言えますね。

数学で学ぶ方程式の解法は、解を導くための正しいプロセスを一般化したものです。

ちなみに問題解決の手順を定式化したものを「**アルゴリズム**」と言いますが、アルゴリズムは前述の代数学の父アル・ファーリズミーの名前が由来だと言われています。

（3）方程式を利用して文章題を解く際に必要なこと、それは**モデル化**です。**モデル化とは必要な情報だけを残して、対象を抽象化すること**を意味します。

例として「鶴と亀が合わせて10匹いる。足の数の合計が32本のとき、鶴と亀はそれぞれ何匹いるか」という文章題を考えます。これは鶴亀算の典型的な問題で、小学校のときは「まず10匹全部が鶴だとすると足の本数は20本。これでは32本に12本足りない。鶴と亀を1匹交換すると足の数の合計は2本増えるから、鶴と亀を6匹交換すればよい。よって、鶴が4匹、亀が6匹である」のように考えましたね。この考え方は非常に具体的で、頭の中に鶴や亀の姿を浮かべながら解く人も多いでしょう。しかし中学では同じ問題を、鶴と亀をそれぞれx匹、y匹として

$$\begin{cases} x + y = 10 \\ 2x + 4y = 32 \end{cases}$$

という連立方程式を立てて解きます。もう亀や鶴の姿は浮かびません(笑)。味気ないといえば味気ないですが、問題を解くために必要な情報(本質)だけが見事にモデル化されているのが分かってもらえると思います。

対象をモデル化する力は、すべての問題解決に必要な力であると言っても過言ではありません。ご承知のとおり現実の問題はさまざまな要素が複雑に絡まっています。その中から問題の本質を抜き出し、不必要な情報を削ぎ落とす能力が重要であることは社会人ならば誰もが痛感しているところでしょう。

†算数と数学の違い

小学校までに習っていた算数と中学以降の数学、いったい何が違うのでしょうか？　同じように数や図形を扱うのに呼び方を変えるのは格好をつけたいからではありません。**算数と数学は目指すところが違います。**

日本では幕末以降、初等教育における基本的な教育内容を「読み・書き・算盤《そろばん》」においてきました。文字や文章を読める力、内容を理解して文章を書ける力、そして計算ができる力は、生活をしていく上で欠かせないからです。余談ですが英語圏ではそれぞれを表す

「reading, writing, arithmetic」の3語にrがあることから初等教育における基本的な内容のことをスリーアールズ（3R's）ということがあります。

算数はこのうちの「算盤」にあたる科目です。学生時代に数学が苦手だった大人はよく「算数さえできれば社会に出ても困らないのだから、数学なんて必要ない」と言います。確かにその通りです。算数で習う四則演算と割合や比や面積に対する理解がありさえすれば、大抵のことは間に合います。逆に言えば、算数に不安があると、スーパーのレジで打ち間違いがあっても気づかなかったり、20％のポイント還元と20％の現金値引きのどちらが得かを判断できなかったりしますから、生活に支障が出てくるでしょう。

（注）ちなみに、得なのは「現金値引き」の方です。例えば10万円の買い物をしたとき20％ポイント還元なら2万円のポイントが付きます。次の来店時にこの2万円分のポイントで別の商品を購入したとすると、計12万円分の商品を10万円で買ったことになりますから、ポイント還元の場合、実質の割引率は約16・7％です。明らかに20％の現金値引きの方が得であることがわかりますね。

また、4人分のレシピの分量を3人分に換算できたり、高速道路を時速80㎞でドライブしているとき、10㎞先のインターチェンジまでの時間が概算できたりする力も算数の能力です。**算数の力は生活の力**なのです。

生活力である**算数において大切なことは解き方が分かっている既知の問題に対して、素早く正確に答えが出せること**です。だからこそ算数の勉強はしつこいくらいの反復練習が基本になります。

一方の数学はどうでしょうか?

はっきり言って義務教育である中学数学の内容ですら、できなくても困ることは少ないです。目の前の2つの図形が合同であることを証明したり、連立方程式を解いたりすることが必要になるシーンはそう多くない――というよりほとんど無い――と思います。国語や英語や理科や社会に比べて一番実用的でないのは数学であるという批判は、ある意味もっともです。

でも、もちろん私は数学を学ぶ意味がないとは決して思いません。

本書は、数学の入口である中学数学からでもこれだけ大切なことが学べるのだということを理解してもらい「なぜ数学を学ぶ必要があるのか?」という疑問に対する答えを見つけてもらうことを最大の目標にしています。是非最後まで読み通していただきたいと思いますが、あえて一言で言えば、**数学を学ぶ目的は未知の問題を解決する力を養うこと**にあります。そのための論理的な思考力と表現力を磨くために数学ほど適した学問はないと私は考えています。

一昔前まではたとえルーチンワークであったとしても、精度の高い成果を上げる人は重宝され、それなりの対価も受け取ることができました。しかし現代では、決まりきったことを繰り返したり、既に対処の仕方がわかっている問題が解けたりすることの価値はどんどん低くなっています。コンピュータやロボットを使ってすぐに自動化されてしまうからです。あるいはもし人間の力が必要な場合でも既知の問題への対応はマニュアル化され、その対価はずいぶん低く抑えられるようになりました。

解の公式をめぐる数学の挑戦

既知の問題を素早く正確に解くことを第一に考える算数と、未知の問題を解くために必要な力を養う数学。その違いをもっとも如実に表しているのが、**数の代わりに文字を使うこと**だと私は思います。

2次方程式を

$$ax^2+bx+c=0$$

と文字を使って表し、これに対して

$$x=\frac{-b\pm\sqrt{b^2-4ac}}{2a}$$

という「解の公式」を用意しておけば、無数にある2次方程式のすべてを必ず解くことができます。

　数式を文字と記号を使って今日のようにシンプルに表せるようになったのは17世紀のことですが、その100年以上前から3次方程式、4次方程式の解の公式を導くことに世界中の数学者は夢中になりました。記号を使わない3次方程式や4次方程式とその解法の表現は、難解を極めたにも関わらず、です。それは数学という学問がほとんど本能的に「未知なる問題への備え」を求めるからに他なりません。

　余談ですが、16世紀に3次方程式、4次方程式の解の公式が見つかったあと、5次方程式の解の公式を導く挑戦は約300年間も続きました。これを解決したのは若くして悲劇的な死をとげたことでも有名なノルウェーの天才数学者ニールス・アーベル（1802―1829）です。彼は24歳のときに5次以上の方程式には一般化できる代数的な解の公式は存在しないことを証明しました。このときの論文は「青銅よりも永続する記念碑」と称され、後の数学者に５００年分の仕事を残したとも言われる人類の至宝です。

†演繹的思考の功罪

数学には先の「２次方程式の解の公式」以外にも「公式」がたくさん出てきます。「公式」というのは「数式で表された定理」のことですが、数学、と聞くと多項式の展開公式（因数分解の公式）や三平方の定理、あるいは高校で学ぶ正弦定理や加法定理などを思いうかべる人は少なくないでしょう。

なぜ、数学には公式がたくさん出てくるのでしょうか？

それは前述のとおり、未知の問題に備えるためです。

では、なぜ未知の問題に備えるために公式を用意しておくのでしょうか？

それは、**演繹的に問題を解決するため**です。

前章にも書きましたとおり、一般に成立することを個別の例にあてはめて考えることを**演繹**と言いますが、数学で公式を用いて具体的な問題を解く行為はまさに**演繹的な思考の訓練**です。

【問題】

下の図の EF の長さを求めよ。

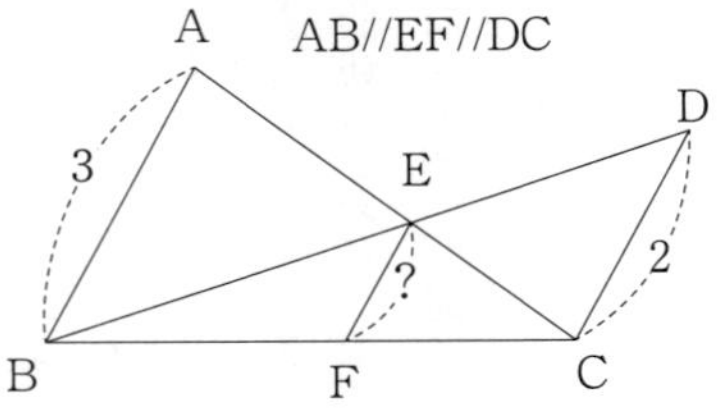

【解答】

$\triangle BFE \backsim \triangle BCD$ より

$$EF : DC = BE : BD \quad \cdots\cdots①$$

また、$\triangle EAB \backsim \triangle ECD$ より

$$EB : ED = AB : CD$$

$$\Rightarrow BE : BE+ED = AB : AB+CD$$

$$\Rightarrow BE : BD = AB : AB+CD$$

$$= 3 : (3+2)$$

$$= 3 : 5$$

①より

$$EF : 2 = 3 : 5$$

これを解いて

$$EF = \frac{\mathbf{6}}{\mathbf{5}}$$

たとえば、平均的な学力の中学生にとって、右の問題を解くことはそう簡単なことではないでしょう。これを求めるためには、この図形の中に2組の相似な三角形が存在することを見抜き、そこから2組の比の関係を導く必要があります(解答参照)。

しかし、一般にこのような図形においては、次のようなシンプルな「公式」が成り立つ

ことを知っていれば、

【公式を使った解法】

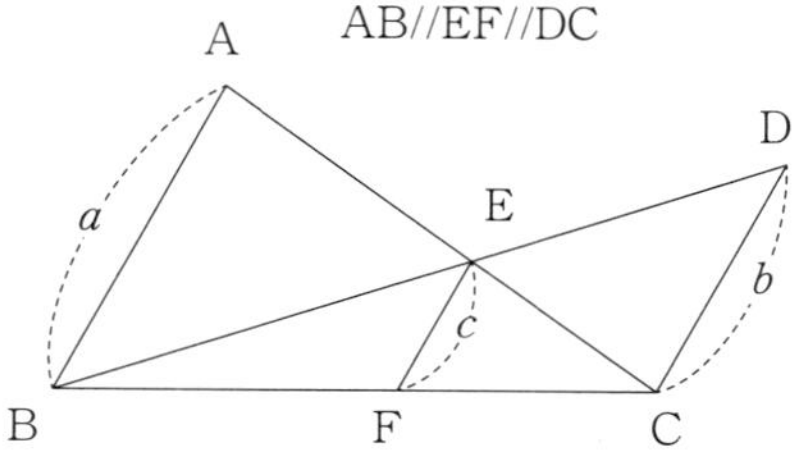

上の図において、一般に

$$\frac{1}{a}+\frac{1}{b}=\frac{1}{c}$$

という公式が成立する。

これを先の問題にあてはめて

$$\frac{1}{3}+\frac{1}{2}=\frac{1}{\mathrm{EF}}$$

$$\Rightarrow \quad \frac{1}{\mathrm{EF}}=\frac{5}{6}$$

$$\Rightarrow \quad \mathrm{EF}=\boldsymbol{\frac{6}{5}}$$

とたちどころに解けてしまいます。

これこそが公式を用意しておくことの醍醐味であり、演繹的思考の強みです。

もちろん、算数時代から使っている「底辺×高さ＝面積」や「距離÷時間＝速さ」、「食塩÷食塩水＝食塩水の濃度」なども立派な公式であり、これを使って具体的な問題を解くことも演繹的思考の訓練になります。

算数の時代から公式を使う練習をさせられるのは、この演繹的な思考が問題を解決するための基本的かつ強力な武器だからです。

今更言うまでもなく、この社会にはマニュアルが溢れています。文字通りのマニュアルだけでなく、テレビの情報番組、ハウツー本、「〇〇に効く7つの方法」といったライフハック的なネットや雑誌の記事など、巷に溢れる情報の多くはマニュアルとしての性格を持っていると言っていいでしょう。そこには賢人が導き出してくれた「公式」が紹介されていますから、算数や数学を通して公式をあてはめて問題を解くことの楽さを知っている人々がそれを求めるのです。

ただし、公式を使う演繹的な思考には良い点ばかりではないことに注意しなくてはなりません。**演繹的な思考はその楽さ故に、人から自分の頭で考える機会を奪います。**これは、実は大変危険なことです。

現代に生きる私たちは未知の問題を解くための力を培うことが求められています。しかし、公式を暗記してあてはめるだけでは、既出の問題しか解けなくなってしまいます。大事なことは、公式を導く過程を理解することです。先の「問題」でも$\frac{1}{a}+\frac{1}{b}=\frac{1}{c}$という公式をただ暗記しているだけの人は、まったく同じ形をした図形の問題しか解けないでしょう。でも、この公式を導く過程を通して、相似な図形を見つけてくるコツと効能を学んだ人はまったく違う図形の問題にも対処することができるはずです。

未知の問題が解けるようになることを目指す数学においては、導き出されるプロセスを理解しそれを様々な問題に応用できるようにならなければ、公式を学ぶ意味はほとんどなくなってしまいます。逆に言うと、公式をそこまで理解しておけば、難問をいくつかの基本問題に解きほぐし、それぞれを迅速に解決できるようにもなるでしょう。

私の塾の門を叩いてくれる生徒さんは、中学の数学はそこそこできたのに、高校生になってから落ちこぼれてしまったという人がとても多いです。そしてその原因のほとんどは中学時代に、公式を利用する演繹的思考が持つ功罪の「罪」を看過してしまったことにあります。

私は数学教師として断言します。**数学の勉強における公式の丸暗記は百害あって一利なしです。**

次から、中学数学で学ぶ代数学の具体的な内容に入っていきます。キーワードはイメージ力、合理的なプロセス、モデル化の3つです。

イメージ力を磨く中学数学

†数を概念で捉える——負の数（中1）

中学数学の最初の単元が何であったかを覚えていますか？　そうです。「負の数」でしたね。

負の数自体は、例えば「明日は厳しい寒さとなり、最低気温はマイナス2度になる見込みです」のような天気予報などで小学生の頃から耳にしていたことでしょう。でも負の数を単に「0より小さい数」と捉えるだけでは、負の数を計算に持ち込むことはできません。足し算や引き算はまだしも、「0より小さい数」を使った掛け算や割り算になると「意味がわからない」と頭を抱えてしまうはずです。

実際、インドの商人たちの間で借金を表すために負の数が使われるようになったのは7

世紀頃で、西洋の数学者たちが負の数を受け入れたのは17世紀頃ですから、計算に使える数として負の数が広く認められるようになるまでには実に1000年近い年月を要しています。それだけ負の数は扱うのが難しい数なのです。

現代に生きる私たちは「負の数×負の数」が正の数になることを知っています。でも、その理由をきちんと説明するのは決して簡単なことではありません。そこで、今一度「(－1)×(－1)＝＋1」になる理由をきちんと考えておきたいと思います。

「(−1)×(−1)=+1」の理由

最初、インドの商人たちは負の数を「100万円の借金」＝「－100万円の財産」のように使っていました。同じように考えれば「2kgの減少」＝「－2kgの増加」、「東に5km」＝「西に－5km」、「3m短い」＝「－3m長い」などと言うことができそうです。結局、**「負の数」とは正の数が進む方向とは逆の方向に進む数のこと**を言います。

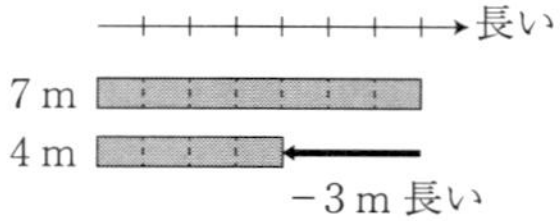

上の図からもわかるように「長い」を正の方向とすれば「短い」は逆の方向なので3m短いことは「－3m長い」と言い換えることができるのです。

（i）東に時速1kmで進むカメの1時間後の位置

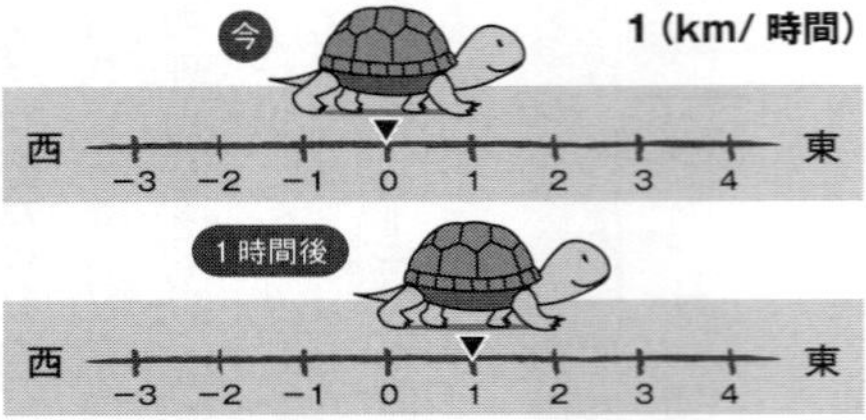

（＋1km/時間）×（＋1時間）＝＋1km

ここまでの理解をもとに、いよいよ「(−1)×(−1)＝＋1」となる理由を考えてみたいと思います。

今、時速1kmで進むカメがいるとします。このカメの○時間後の位置を考えることにしましょう。ただし、**時間に関しては時間の進む向きを正の方向、カメが進む方向に関しては東の方向を正の方向とします。**

(i) 東に時速1kmで進むカメの1時間後の位置

東に時速1kmで進むカメが、今原点を通過しました。このカメが1時間後にいる位置を求めます。

「速度×時間＝距離」ですから

(＋1km/時間)×(＋1時間)＝＋1km

より、東に1kmの位置だとわかります（当たり前ですね）。

(ⅱ) 西に時速1kmで進むカメの1時間後の位置

次に、西に時速1kmで進むカメがいてやはり今原点を通過したとします。このカメの1時間後の位置は西に1km、すなわち−1kmの所ですね。

このことはもちろん計算によっても求められなければなりません。東の方向を正の方向としましたから、

西に時速1kmは時速(−1km/時間)である

ことに注意すると、西に時速1kmで進むカメの1時間後の位置は「(−1km/時間)×(+1時間)」で、計算できるはずです。

1時間後のカメは西に1kmの位置、すなわち−1kmの所にいますから、

(−1km/時間)×(+1時間)＝−1km

だということになります。

(ⅱ) 西に時速1kmで進むカメの1時間後の位置

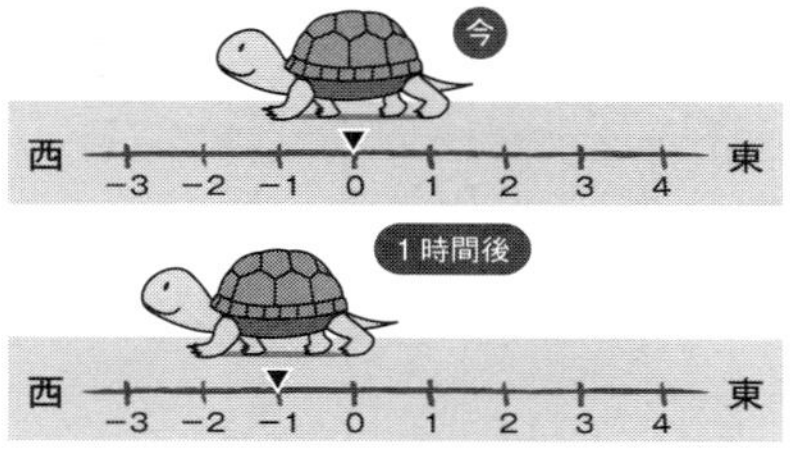

(−1km/時間)×(+1時間)＝−1km

（iii）西に時速1kmで進むカメの1時間前の位置

（−1km/時間）×（−1時間）＝＋1km

（iii）西に時速1㎞で進むカメの1時間前の位置

同様に考えて、西に時速1㎞で進むカメが今原点を通過したとき、このカメの1時間前の位置はどこになるでしょうか？　それはもちろん東に1㎞すなわち＋1㎞の位置ですね。これまでと同様に計算でも求めてみると、

西に時速1km は時速（−1km/時間）、「1時間前」は

「−1時間後」

と考えられますから

(−1km/時間)×(−1時間)＝＋1km

となることがわかります。以上をまとめると

(−1)×(＋1)＝−1

(−1)×(−1)＝＋1

です。

†見えなくても存在が認められた数——平方根（中3）

中学数学で登場する「イメージ力が必要な数」は負の数以外にもうひとつあります。**無理数**です。無理数を発見したのは、紀元前５００年頃の古代ギリシャの哲学者**ヒッパソス**だと言われています。当時のギリシャで数学の覇権を握っていたのはピタゴラスを長とするピタゴラス教団で、ヒッパソスもピタゴラスの弟子としてこの教団に属していました。ピタゴラス教団は数学・音楽・哲学の研究にいそしむ学者集団であると同時に、一種の宗教結社としての側面も持ち、その教義である「**万物は数である**」という言葉は特に有名です。

ちなみにピタゴラスが「万物は数である」と考えるようになったきっかけは「音階」でした。

こんな逸話が残っています。

鍛冶屋の前を通りかかったピタゴラスは、鉄床に打ち付けられるハンマーの音には互いに響き合って快い音色を出す音とそうでない音があることに気づき、綺麗に響き合うハンマーだけを選んで調べてみたところ、それぞれのハンマーの重量がごく単純な整数の比になっていることを発見しました。

人間がごく自然に美しいと感じる響きの中に単純な整数の関係が潜んでいることを、初めて知ったピタゴラスの興奮は想像に難くありません。それが証拠に、ピタゴラス教団は音楽を数学や哲学と同列に扱い、中でも「音階」については特に熱心に研究していました。楽器の弦をどこも押さえないで鳴らした音と同じ弦の$\frac{2}{3}$の所を押さえた音は「完全5度（ドとソの音程）」、$\frac{1}{2}$の所を押さえた音は「完全8度（1オクターブの音程）」になり、美しいハーモニーになることを最初に発見したのもピタゴラスとその弟子たちです。

ピタゴラスたちは、音楽の和音から天体の運行に至るまで様々な事柄の背景に整数とその比で表される数の秩序を見出しました。そんな彼らがやがて「万物は数である」を教義とし、**「世の中の森羅万象は整数とその比（分数）によって表すことができる」**と考えるようになったのはある意味自然なことかもしれません。

しかし前述のヒッパソスは整数の比（分数）では表せない「数」を発見してしまいます。彼はあるとき一辺の長さが1の直角二等辺三角形の斜辺の長さをピタゴラスの定理（44頁）を使って計算すると、その長さはどうしても分数では表せないことに気づきました（次頁図参照）。

驚いたヒッパソスはこの事実を師匠のピタゴラスと仲間の弟子たちに伝えます。ピタゴラスが最も知りたくなかった事実が、自身が証明した定理によって示されるというのはいかにも皮肉ですが、ピタゴラスはこれが真実であることを知るや否や、弟子たちには絶対に口外してはならぬと箝口令を敷き、発見者のヒッパソスのことは暗殺してしまいました。なんとも理不尽です。それほど「整数の比では表せない数」の存在はピタゴラスの権威と教団の存亡に関わる脅威だったということでしょう。

$$x^2=1^2+1^2$$
$$\Downarrow$$
$$x^2=2$$
$$\Downarrow$$
$$x=?$$

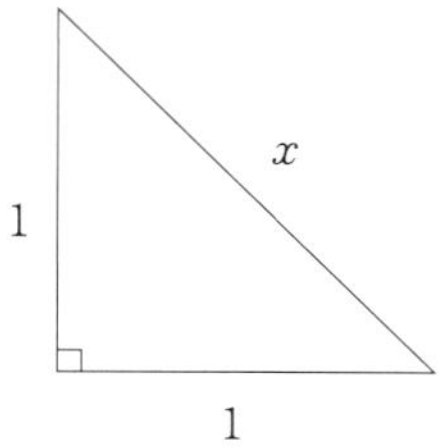

今日では、整数の比（分数）では表せない数のことを**無理数**と言います。反対に、整数の比（分数）で表せる数のことは**有理数**と言います。

（注）「無理数」は英語の「irrational number」の訳語だと思われますが、言葉の意味から考えると「無比数」という訳語の方が良かったのではないか、と言われています。

ヒッパソスが発見した「整数の比（分数）では表せない数」というのは、「$x^2=2$」の解ですから、「2乗すると2になる数」を意味します。

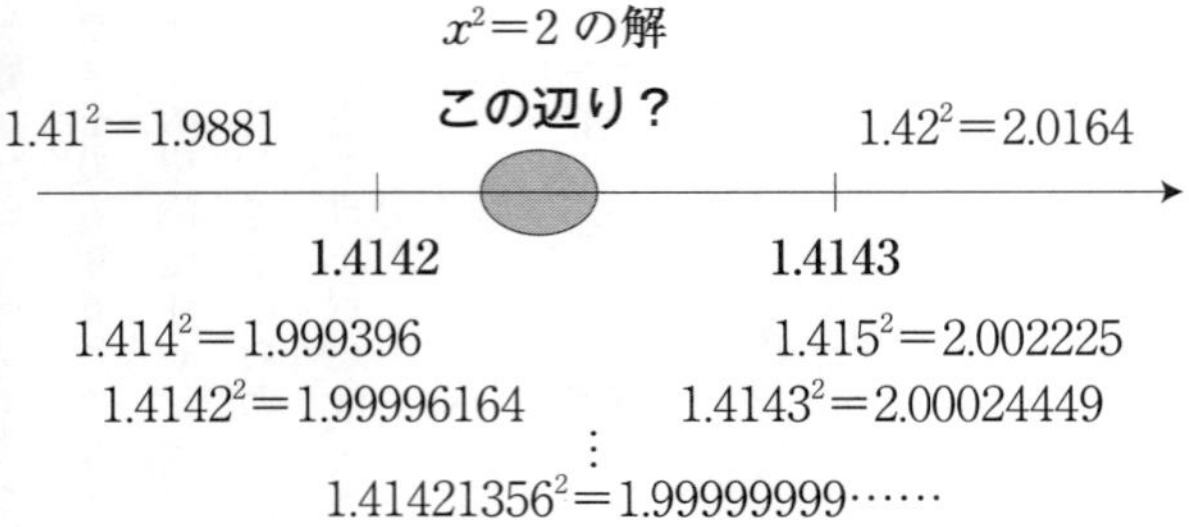

1の2乗は1で、2の2乗は4であることを考えると、解は1と2の間の数であることは確かです。

試しに1・5の2乗を考えてみると「2・25」で大きすぎます。かと言って1・4の2乗は「1・96」で小さすぎです。次に1・45の2乗を考えると「2・1025」で大きすぎ……という風に段々と候補を絞っていきます。しかし小数点以下を細かく計算してもなかなかぴったり2にはなりません（上図参照）。

「$x^2=2$」の解は存在しないのでしょうか？

もちろんそんなことはありません。

前頁の直角二等辺三角形の斜辺の長さは「$x^2=2$」の解のはずですし、右の計算の結果もだんだんと「2」に近づいています。すなわち**「$x^2=2$」の解は存在します。**

そこで、確かな値は分からない（＝分数で表すことができない）ものの、確実に存在する「$x^2=2$」の正の解を「$\sqrt{2}$」と書くことにしました。「正の」と書いたのは、「$x^2=2$」の解には負の解もあるからです。

これを一般化して$\sqrt{\ }$（根号といいます）を定義すると、次のようになります。

「$x^2=a$の解、すなわち2乗するとaになる数のうち正の方を$\sqrt{a}$と書く」

ちなみに「2乗するとaになる数」のことを「aの平方根」というので、右の定義は

「aの平方根のうち正の方を$\sqrt{a}$と書く」

と書くこともできます。

ここまでを読んでくれた読者の中には

「aの平方根のうち正の方を$\sqrt{a}$と書くことは分かったけど、さっきの計算をさらに進めて詳しく調べればぴったり2になる数を見つけることができるんじゃないか？」

と思う人はいるでしょう。それは大変的を射ているご指摘です。確かに、**いくら探しても見つからないからと言って、本当に存在しないことの証明にはなりません。**

2乗すると2になる数、すなわち「$\sqrt{2}$」や「$-\sqrt{2}$」を整数の比（分数）で表すことができないことの証明は、高校で学ぶ「**背理法**」という手法を使います。

「$\sqrt{2}$や$-\sqrt{2}$が分数で表せると仮定すると矛盾が生じる。だからこれらを分数で表すことはできない」

というロジックを使うわけです。詳しくは拙書『大人のための数学勉強法』（ダイヤモンド社）に書きましたので、ご興味のある方は是非、ご覧ください。

いずれにしても特筆したいのは、「分数では表せない数＝有限の小数や循環小数では表せない数」の存在を認め、これを確かに実在するものとして受け容れることは、イメージ力のなせる業だということです。数直線上でピンポイントに指し示すことはできないにも関わらず、「この辺りにあるのは確かだから、その存在を認めて、名前と記号を与えて他の数と同様に扱えるようにしよう」という思想は、**愛や夢を信じられる人間だからこそ培うことのできた概念力の賜物**だと私は思います。

ここで（久しぶりに）問題をやってみましょう。

【問題】

次の式の値を求めなさい。

$$\sqrt{(\sqrt{7}-2)^2}+\sqrt{(\sqrt{7}-3)^2}$$

【解答・解説】

これはひっかけ問題です（すいません）。最初に典型的な誤答例を紹介します。

《誤答例》

$$\sqrt{(\sqrt{7}-2)^2}+\sqrt{(\sqrt{7}-3)^2}=\sqrt{7}-2+\sqrt{7}-3=2\sqrt{7}-5$$

さて、どこが誤っているかお分かりですか？　ピンとこない方は97頁の$\sqrt{\ }$の定義をもう一度よく読んでください。「2乗するとaになる数のうち正の方を$\sqrt{a}$と書く」とありますね。そうなんです。$\sqrt{a}$というのはあくまで正の数です。aが負の数になる可能性があるときは闇雲に「$\sqrt{a^2}=a$」とすることはできません。

ここは数学が得意な高校生でもよく勘違いするところなので、具体例でもう少し詳しく説明します。

たとえば「$\sqrt{3^2}$」を考えてみましょう。「$\sqrt{3^2}=\sqrt{9}$」で2乗すると9になる数（3と−3）のうち正の方は3ですから

$$\sqrt{3^2}=\sqrt{9}=3$$

となります。すなわち

$$\sqrt{3^2}=3$$

は正しいです。でも「$\sqrt{(-3)^2}=-3$」ではありません。なぜなら、「−3」の2乗はやはり9なので

$$\sqrt{(-3)^2}=\sqrt{9}=3$$

と計算しなくてはいけないからです。つまり

$$\sqrt{(-3)^2} = -(-3) = 3$$

です。以上より「$\sqrt{a^2}$」に関しては、次のように考える必要があることがわかります（下に先の問題の正答例も示します）。

$\sqrt{\boldsymbol{a}^2}$ について

（i）$a \geqq 0$ のとき

$$\sqrt{a^2} = a$$

（ii）$a < 0$ のとき

$$\sqrt{a^2} = -a$$

《正答例》

$$2^2 = 4$$
$$3^2 = 9$$

なので

$$2^2 < 7 < 3^2 \quad \Rightarrow \quad 2 < \sqrt{7} < 3$$

よって、

$$\sqrt{7} - 2 > 0$$
$$\sqrt{7} - 3 < 0$$

ゆえに

$$\sqrt{(\sqrt{7}-2)^2} = \sqrt{7} - 2$$
$$\sqrt{(\sqrt{7}-3)^2} = -(\sqrt{7}-3) = -\sqrt{7}+3$$

以上より

$$\sqrt{(\sqrt{7}-2)^2} + \sqrt{(\sqrt{7}-3)^2}$$
$$= \sqrt{7} - 2 + (-\sqrt{7}+3)$$
$$= \mathbf{1}$$

合理的なプロセスを学ぶ中学数学

†『原論』にも通じる正しいプロセス――1次方程式（中1）

$$
\begin{aligned}
& 2x+3 = 7 \\
\Rightarrow\quad & 2x = 7-3 \\
\Rightarrow\quad & 2x = 4 \\
\Rightarrow\quad & x = \frac{4}{2} \\
\Rightarrow\quad & \boldsymbol{x = 2}
\end{aligned}
$$

学生時代、あまり数学が得意でなかった人でも1次方程式を上のように「移項」を使って解くことはおそらくできると思います。でもどうしてこのように解くことができるか、と言われたら答えに窮してしまう人は少なくないのではないでしょうか？　移項による1次方程式の解法が正しいことを保証してくれるのは、次の「等式の性質」です。

【等式の性質】

（i）A＝BならばA＋C＝B＋C
（ii）A＝BならばA－C＝B－C
（iii）A＝BならばA×C＝B×C
（iv）A＝BならばA÷C＝B÷C（ただしC≠0）

「等式の性質」のうち、(i)と(ii)は第1章で紹介した『原論』の公理そのものですね(25頁)。

「等式の性質」を使って、先ほどと同じ方程式を解いてみると左のようになります。このようにすると「$x=2$」という最後の解の正しさによりいっそう確信が持てるのではないでしょうか?

$$\begin{aligned} & 2x+3=7 \\ \Rightarrow\quad & 2x+3-3=7-3 \quad \text{(ii)より} \\ \Rightarrow\quad & 2x=4 \\ \Rightarrow\quad & \frac{2x}{2}=\frac{4}{2} \quad \text{(iv)より} \\ \Rightarrow\quad & \boldsymbol{x=2} \end{aligned}$$

等式の性質の(ii)を使った2行目の「$+3-3$」は0になるので省略し、また同じく(iv)を使った4行目の「$\frac{2x}{2}$」は約分して「x」と表すことにすれば、前頁の「移項」による解法と同じになります。

「移項」とはある項が符号を変えて「=」をまたぐことですが、そのように見えるのは、「等式の性質」から導かれる式変形の一部を省略するからです。

移項によって得られた解が——改めて最初の方程式に代入してみるまでもなく——正しいとわかるのは、それが「等式の性質」という正しいプロセスを重ねているからだということを忘れてはいけません。

†代入法こそ未知数消去の王道――連立方程式（中2）

2つ以上の方程式を組み合わせたものを**連立方程式**といいます。

連立方程式の解き方には**代入法**と**加減法**という2つの方法があったことを覚えている人は多いでしょう。ただ、学生にこの2つの解き方を教えるとほとんどの子が加減法しか使わなくなります。確かに加減法は直観的なので代入法より易しく感じるのだろうとは思いますが、実は加減法が便利なのは未知数の数が2つの連立方程式のときだけです。未知数が3つ4つと増えてくると、加減法は途端に使いづらくなります。

代数という数の代わりに文字を使う数学を扱う以上、私たちが常に意識しておくべきなのは「**未知数を消去すること**」です。これはどんな類の問題をやる際も決して忘れることのできない、**代数の基本中の基本**だと言っていいでしょう。そしてこの「未知数の消去」には**代入法が万能**です。是非このことは肝に銘じておいてください。

【代入法】の手順

（i）消去したい文字を決める

(ii) iで決めた文字について解く

(iii) 他の式に代入

【例題】

$$\begin{cases} 2x-y=1 & \cdots\cdots① \\ x+3y=11 & \cdots\cdots② \end{cases}$$

【代入法による解法】

xを消去する。

②より

$$x=11-3y \quad \cdots\cdots③$$

①に代入

$$2(11-3y)-y=1$$

$$\Rightarrow\quad 22-6y-y=1$$

$$\Rightarrow\quad -7y=-21$$

$$\Rightarrow\quad y=3$$

③に代入

$$x=11-3\times3$$

$$=2$$

以上より

$$\boldsymbol{(x, y)=(2, 3)}$$

一方の加減法の手順は次のとおり。

【加減法】の手順

(i) 消去したい文字を決める

(ii) iで決めた文字の係数が揃うように与えられた式を定数倍する

(iii) それぞれの式を足したり、引いたりしてiの文字を消去

【例題】

$$\begin{cases} 2x-y=1 & \cdots\cdots① \\ x+3y=11 & \cdots\cdots② \end{cases}$$

【加減法による解法】

y を消去する

$$\begin{array}{lrl} ①\times 3: & 6x-3y &= 3 \\ ②\quad\ : +) & x+3y &= 11 \\ \hline & 7x \qquad &= 14 \end{array}$$

$$\Rightarrow \quad x=2$$

①に代入

$$2\times 2-y=1$$
$$\Rightarrow \quad 4-y=1$$
$$\Rightarrow \quad -y=-3$$
$$\Rightarrow \quad y=3$$

以上より

$$(\boldsymbol{x}, \boldsymbol{y}) = (\mathbf{2}, \mathbf{3})$$

こうして見ると「やっぱり加減法の方がいい」と思う読者もきっといるでしょう。でも、次のような未知数が多い連立方程式の場合はどうでしょうか?

【問題】 次の連立方程式を同時に満たす a, b, c の値を求めなさい。

$$\begin{cases} 2a+b-c=5 & \cdots\cdots① \\ 2b+c-a=-3 & \cdots\cdots② \\ 2c+a-b=0 & \cdots\cdots③ \end{cases}$$

［開成高］

さすがに開成高校の入試問題、複雑な印象を受けます。もちろん工夫をすればこの問題も加減法を使って解くことはできますが、うまい組み合わせを考えるのは少々面倒です。

そこで代入法を使います。未知数が2つのときよりは複雑になるものの、同じことの繰り返し（消去したい文字について解く→他の式に代入）によって解を得ているところに注目してください。

†中学数学で最難関の式変形に挑む——2次方程式（中3）

【解答・解説】

b を消去する。①より

$$b=-2a+c+5 \quad \cdots\cdots④$$

④を②に代入

$$2(-2a+c+5)+c-a=-3$$

$$\Rightarrow \quad -4a+2c+10+c-a=-3$$

$$\Rightarrow \quad -5a+3c=-13 \quad \cdots\cdots⑤$$

④を③に代入

$$\Rightarrow \quad 2c+a-(-2a+c+5)=0$$

$$\Rightarrow \quad 3a+c=5 \quad \cdots\cdots⑥$$

次に c を消去する。⑥より

$$c=-3a+5 \quad \cdots\cdots⑦$$

⑦を⑤に代入

$$-5a+3(-3a+5)=-13$$

$$\Rightarrow \quad -5a-9a+15=-13$$

$$\Rightarrow \quad -14a=-28$$

$$\Rightarrow \quad a=2$$

⑦より

$$c=-3\times 2+5=-1$$

④より

$$b=-2\times 2+(-1)+5=0$$

以上より

$$(\boldsymbol{a}, \boldsymbol{b}, \boldsymbol{c})=(\mathbf{2}, \mathbf{0}, \mathbf{-1})$$

2次方程式の解法には因数分解によるものと解の公式によるものとがあります。左上に見せるのは、因数分解による解法です。

$$
\begin{aligned}
& x^2+x=0 \\
\Rightarrow\ & x(x+1)=0 \\
\Rightarrow\ & x=0 \text{ or } x+1=0 \\
\Rightarrow\ & \boldsymbol{x=0} \textbf{ or } \boldsymbol{x=-1}
\end{aligned}
$$

$$AB=0 \text{ ならば } A=0 \text{ or } B=0$$

を使っていることに注意してください。

ただ、因数分解は式によってはできない（見つかるまで時間がかかる）ものがありますが、解の公式は万能です。

私はいつも生徒に「因数分解を考えるのは30秒まで！　30秒考えても分からなかったら解の公式を使ってください」と指導しています。なぜなら、解の公式を使えば必ず解けるのに（あるいは実数解がないことがすぐにわかるのに）いつまでも因数分解を考えるのはナンセンスだからです。

ただし2次方程式の解の公式を導くためには、**平方完成**という大変難しい式変形を克服しなくてはいけません。これが中学数学における最難関の式変形であることは間違いなく、高校数学を含めても平方完成以上に難しい式変形はそうそうお目にかかれないぐらいです。

それくらいの高い頂きではありますが、本書では平方完成を理解し、そこから2次方程式の解の公式を導くことを目標にしたいと思います。

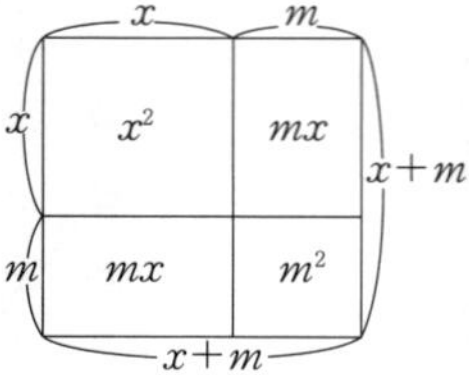

上の図より

$$(x+m)^2$$
$$=x^2+2mx+m^2$$

まずは上の展開公式を思い出してください。これを少し変形して、私が勝手に「平方完成の素」と呼んでいる式変形を導きます。

【平方完成の素】

$$(x+m)^2=x^2+2mx+m^2$$

より

$$x^2+2mx=(x+m)^2-m^2$$

半分　2乗

上式を「平方完成の素《もと》」と呼ぶことにする。

ポイントは網掛けの部分。左辺のxの1次の項の係数「$2m$」の半分「m」が右辺の(　)の中に入り、その2乗「m^2」を引くという変形に慣れること。

（例）

$$x^2+10x=(x+5)^2-25$$
$$x^2+6x=(x+3)^2-9$$
$$x^2+5x=\left(x+\frac{5}{2}\right)^2-\frac{25}{4}$$
$$x^2+px=\left(x+\frac{p}{2}\right)^2-\frac{p^2}{4}$$

など。

では、いよいよ一般の2次方程式「$ax^2+bx+c=0$」の解の公式を導いていきます。最終的には、

$$X^2=K \quad \text{ならば} \quad X=\pm\sqrt{K}$$

を使いたいので、「$ax^2+bx+c=0$」を、「$(\quad)^2=\square$」という形に変形するのが目標です。

【2次方程式の解の公式】

$$ax^2+bx+c=0 \quad \cdots\cdots★$$

とする。★の左辺を平方完成する。

$$\begin{aligned} ax^2+bx+c &= a\left(x^2+\frac{b}{a}x\right)+c \\ &= a\left\{\left(x+\frac{b}{2a}\right)^2-\frac{b^2}{4a^2}\right\}+c \\ &= a\left(x+\frac{b}{2a}\right)^2-\frac{b^2}{4a}+c \end{aligned}$$

★に代入する。

$$a\left(x+\frac{b}{2a}\right)^2-\frac{b^2}{4a}+c=0$$

$$\Rightarrow \quad a\left(x+\frac{b}{2a}\right)^2=\frac{b^2}{4a}-c$$

$$\Rightarrow \quad a\left(x+\frac{b}{2a}\right)^2=\frac{b^2-4ac}{4a}$$

$$\Rightarrow \quad \left(x+\frac{b}{2a}\right)^2=\frac{b^2-4ac}{4a^2}$$

目標達成。

$$X^2=K \quad \text{ならば} \quad X=\pm\sqrt{K}$$

なので

$$x+\frac{b}{2a}=\pm\sqrt{\frac{b^2-4ac}{4a^2}}$$

$$\Rightarrow \quad x+\frac{b}{2a}=\pm\frac{\sqrt{b^2-4ac}}{2a}$$

$$\Rightarrow \quad x=-\frac{b}{2a}\pm\frac{\sqrt{b^2-4ac}}{2a}$$

よって

$$\boldsymbol{x=\frac{-b\pm\sqrt{b^2-4ac}}{2a}}$$

（注）網掛けに「平方完成の素」を使った。

お疲れ様でした！　繰り返しますがこの2次方程式解の公式の導出は大変難しいので、一度読んでわからなくても、諦めずに何度か挑戦してほしいと思います。実際に手を動かして白い紙にペンで書いてもらうと徐々につかめるようになるはずです。

「ax^2+bx+c」を上のように変形することを平方完成と言います。平方完成は高校数学で2次関数の最大値や最小値を考える際には必ず必要になるので、是非できるようにしてくださいね。

【平方完成】

$$ax^2+bx+c=a\left(x+\frac{b}{2a}\right)^2-\frac{b^2}{4a}+c$$

ここまで、1次方程式、連立方程式、2次方程式と解法を紹介してきましたが、どれも合理的なプロセスによって解が導かれていることを確認することが大切です。そうすれば、**合理的とはどういうことか、論理的な思考とはどのようなものかがつかめる**ようになります。

逆に言うと、ただそれぞれの解法を覚えるだけでは、方程式とその解法を学ぶ意味はほとんどありません。

モデル化する力を磨く中学数学

†モデル化の練習――方程式の応用（中1から中3）

ここではこれまでに学んだ方程式を文章題に応用していきましょう。前述のとおり、必要なのは具体的な内容を多く含む文章題から、**必要な情報だけを抜き出してモデル化する力**です。言い換えれば、文章題に与えられた文章を数学という言葉に訳す「数訳」の作業でもあります。

【問題】
ある会社の部署が店を借りきって新年会をやることになりました。1つのテーブルに4人ずつ座ると7人が座れなくなり、1つのテーブルに5人ずつ座ると、テーブルが1台余って、4人で座るテーブルが1台できます。テーブルの台数と部署の人数を求めなさい。

【解説】

文章題から方程式をつくるときは、

・何を未知数にするか

・何と何が等しいのか

を明確にして、余計な情報を削ぎ落として立式（モデル化）することが大切です。

【解答】

テーブルの台数を x 台とする。

4人ずつ座った場合の部署の人数は

$$4x+7 \quad [人] \quad \cdots\cdots①$$

一方、5人ずつ座った場合は、4人で座るテーブルが1台、誰も座っていないテーブルが1台あるので、5人で座るテーブルは $x-2$ 台。よって

$$5(x-2)+4 \quad [人]$$

どちらの場合も部署の人数は等しいので

$$4x+7 = 5(x-2)+4$$
$$\Rightarrow \quad 4x+7 = 5x-10+4$$
$$\Rightarrow \quad 4x-5x = -10+4-7$$
$$\Rightarrow \quad -x = -13$$
$$\Rightarrow \quad x=13$$

①より、部署の人数は

$$4\times13+7 = 59$$

以上より

テーブル **13** 台

部署の人数 **59** 人

どんどんいきましょう。次はこんな問題です。

【問題】
ある商店では商品A、商品Bの2種類の商品を売っている。ある日、開店の時にA、Bそれぞれの個数を調べたところ、個数の比は6：5だった。午前中にAは開店時の個数の10％が売れ、Bは7個だけ売れたので、正午にAを何個か追加し、Bもそれと同じ個数を追加したところ、AとBの個数の比は9：8になった。また、このときAとBの個数の合計は開店時に比べて35個増えていた。開店時にあったA、Bのそれぞれの個数を求めよ。

［成蹊高］

【解説】
複雑な問題ですね。問題文が長いのでそれだけでギブアップしたくなる人もいるかもしれません。この問題では**文章を丁寧に読みながらひとつひとつ「数訳」していく**ことが解決の糸口になります。

立式もさることながら、計算も複雑です。問題文から比の関係が得られるので、第1章に出てきた「**外項の積＝内項の積**」（39頁）を適宜使っています。

【解答】

開店時のA、Bの個数をそれぞれx個、y個とする。開店時の個数の比は6：5だから

$$x : y = 6 : 5 \Rightarrow 5x = 6y \Rightarrow y = \frac{5}{6}x \quad \cdots\cdots①$$

正午に追加した個数をp個とする。Aは10%が売れてからp個追加、Bは7個売れてからp個追加したら、比が9：8になったので

$$\frac{90}{100}x + p : y - 7 + p = 9 : 8$$
$$\Rightarrow \left(\frac{90}{100}x + p\right) \times 8 = (y - 7 + p) \times 9$$
$$\Rightarrow \frac{720}{100}x + 8p = 9y - 63 + 9p$$
$$\Rightarrow 72x - 90y = 10p - 630 \quad \cdots\cdots②$$

また、正午のAとBの合計は最初より35個増えていたので

$$\frac{90}{100}x + p + y - 7 + p = x + y + 35$$
$$\Rightarrow \frac{9}{10}x - x + 2p = 42 \Rightarrow -\frac{1}{10}x + 2p = 42$$
$$\Rightarrow p = \frac{1}{20}x + 21 \quad \cdots\cdots③$$

①と③を②に代入

$$72x - 90 \times \frac{5}{6}x = 10\left(\frac{1}{20}x + 21\right) - 630$$
$$\Rightarrow 72x - 75x = \frac{1}{2}x + 210 - 630$$
$$\Rightarrow -\frac{7}{2}x = -420 \Rightarrow x = 120$$

①より

$$y = \frac{5}{6} \times 120 = 100$$

以上より、Aは**120**個、Bは**100**個

この**問題の最大のポイントは正午に追加した個数も「p個」と文字で置くことです**。その結果、未知数はx、y、pの3つになります。問題文に聞かれているのはAとBの個数だからといって未知数が2つだと決めつけてしまうと行き詰まるでしょう。
また未知数が3つあるので、代入法で解いているところも注目してください。
さて、もう1題だけおつきあいいただきます。今度はこんな問題です。

【問題】

一昨年の売り上げが等しいA商店とB商店がある。A商店は一昨年と比べて昨年の売上金が25%増え、昨年と比べて今年は80%増えた。またB商店はこの間、前年度と比べて売上金がa%ずつ増えた。その結果、2つの商店の今年の売り上げは等しくなった。aの値を求めよ。

［慶應義塾女子高］

【解説】

この問題には等しいものが2組あります。ひとつは一昨年のA商店とB商店の売上金、そしてもうひとつは今年のA商店とB商店の売上金です。そこで、一昨年のA商店とB商店の売上金を同じ文字で置いて、今年について等式をつくることを考えましょう。

【解答】

一昨年のＡ商店とＢ商店の売り上げを x 円とする。

昨年のＡ商店の売上金は25％増で、

$$x\times\left(1+\frac{25}{100}\right)=\frac{5}{4}x$$

今年のＡ商店の売上金は昨年の80％増で

$$\frac{5}{4}x\times\left(1+\frac{80}{100}\right)=\frac{5}{4}x\times\frac{9}{5}=\frac{9}{4}x \quad \cdots\cdots①$$

昨年のＢ商店の売上金は a％増で、

$$x\times\left(1+\frac{a}{100}\right)=\left(1+\frac{a}{100}\right)x$$

今年のＢ商店の売上金は昨年の a ％増で

$$\left(1+\frac{a}{100}\right)x\times\left(1+\frac{a}{100}\right)=\left(1+\frac{a}{100}\right)^2 x \quad \cdots\cdots②$$

今年のＡ商店とＢ商店の売上金は等しいので①、

②より

$$\frac{9}{4}x=\left(1+\frac{a}{100}\right)^2 x$$

両辺を $x\,(\neq 0)$ で割ると

$$\left(1+\frac{a}{100}\right)^2=\frac{9}{4} \quad \Rightarrow \quad 1+\frac{a}{100}=\pm\sqrt{\frac{9}{4}}=\pm\frac{3}{2}$$

$1+\dfrac{a}{100}>0$ より

$$1+\frac{a}{100}=\frac{3}{2} \quad \Rightarrow \quad \frac{a}{100}=\frac{1}{2}$$

$$\Rightarrow \quad \boldsymbol{a=50}$$

おつかれさまでした。3題とも中学数学の問題としては難しいものですが、複雑な問題文から立式していく過程で、**本質が見えてくる快感**を味わってもらえれば幸いです。それこそがモデル化の醍醐味ですから。

第 3 章

関数

——解析学

$$y \qquad f \quad (x)$$

中学の関数から学ぶこと

Ⅰ　変数
Ⅱ　因果関係
Ⅲ　1対1対応（グラフ）

†「変数」との出会い

冒頭から恐縮ですが、中学生はもちろん、多くの高校生も苦手とする問題を紹介させてください。

【問題】
$y=x^2$ において x の変域が $a \leqq x \leqq a+2$ であるとき y の最小値を求めなさい。

例えばこの問題が

「$y=x^2$ において x の変域が $1 \leqq x \leqq 3$ であるとき y の最小値を求めなさい」

や

「$y=x^2$ において x の変域が $-1 \leqq x \leqq 1$ であるとき y の最小値を求めなさい」

という問題であれば、中学3年生にとっては基本的な問題です（左記参照）。

【$1 \leqq x \leqq 3$ のとき】

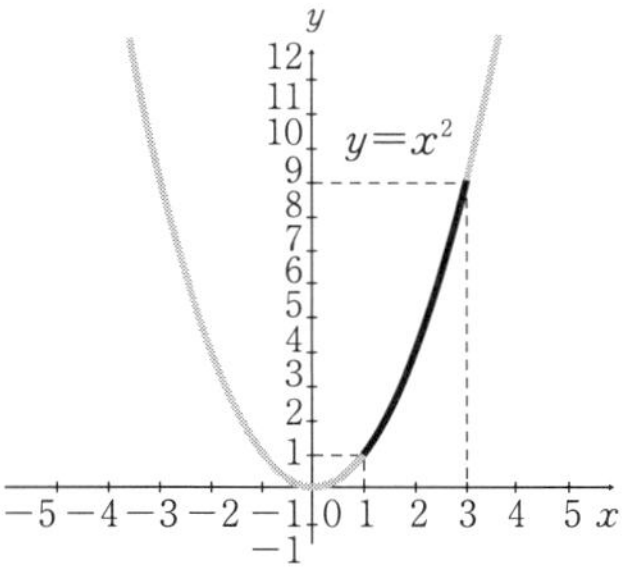

グラフより最小値は

$$y = 1 \qquad (x=1)$$

【$-1 \leqq x \leqq 1$ のとき】

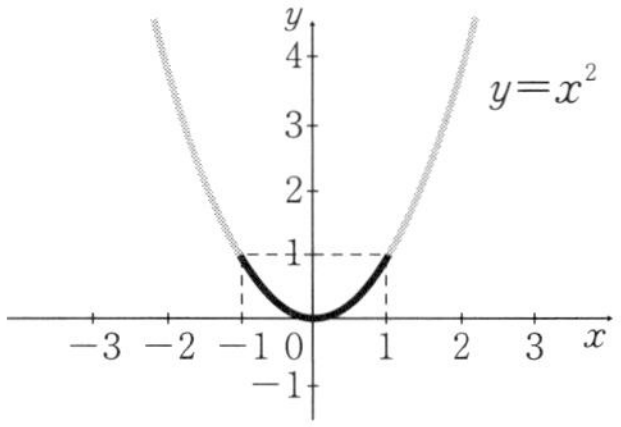

グラフより最小値は

$$y = 0 \qquad (x=0)$$

ではなぜ冒頭の問題は難しいのでしょうか？　それはやはりxの変域が「$a \leqq x \leqq a+2$」と文字aを含んでいて、しかもそのaが色々な値をとり得る「変数」だからです。この問題に正解するには**aの値による分類**が必要になります（解答は次のとおり）。

【冒頭の問題の解答】

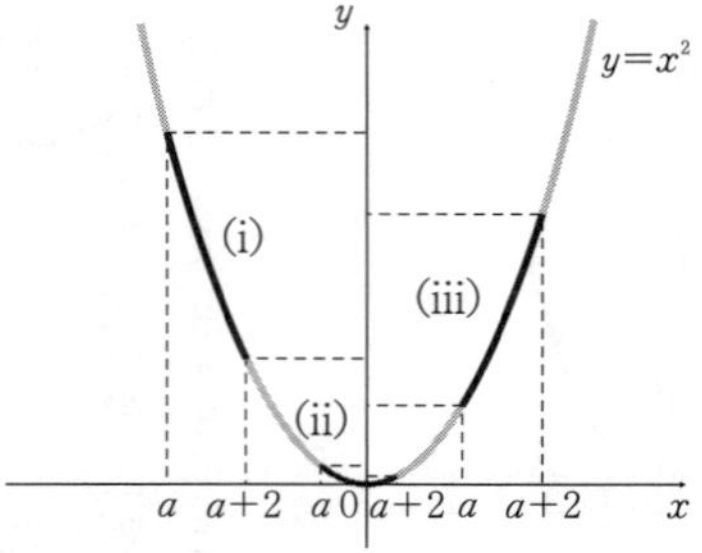

（ｉ）$a+2<0$ のとき（$a<-2$ のとき）

最小値は

$$y=(a+2)^2=a^2+4a+4 \quad (x=a+2)$$

（ii）$a \leqq 0 \leqq a+2$ のとき（$-2 \leqq a \leqq 0$ のとき）

最小値は

$$y=0 \qquad (x=0)$$

（iii）$a>0$ のとき

最小値は

$$y=a^2 \qquad (x=a)$$

もちろん先の

「$y=x^2$ において x の変域が $1\leqq x\leqq 3$ であるとき y の最小値を求めなさい」

という基本問題においても「$y=x^2$」という2次関数の x や y は色々な値をとり得るので変数です。でも学生は「$y=x^2$」については学習によってグラフがいわゆる放物線になることを知っています。そして「$y=x^2$」のグラフは一度書いてしまえばそれ自体は変化しない（静的な感じがする）ので理解がしやすいのでしょう。

中学生にはじめて方程式の解き方（代数）を教えるときは、「未知数を x とおきます」とはじめるわけですが、このこと自体が分からない生徒はほとんどいません。未知数を文字でおいたとしても、その文字はある特定の数（解）の代わりに使っているに過ぎないからです。

刑事物のテレビドラマで

「犯人は中肉中背。歳は30代。大阪弁を話し、被害者とは面識があった模様」

などと犯人像をプロファイルするシーンはお馴染みなので、未知なる容疑者のことを「犯人」と呼ぶように、方程式で未知数を「x」とおくことは違和感なく感じられるのだと思います。

しかし、（この章で学ぶ）解析学の分野に入って文字が色々な値をとり得る変数になった途端、わからなくなる生徒が続出します。無理もありません。今まで特定の「容疑者」を指していた「犯人」という言葉が、様々な人物を代表する言葉に様変わりしたようなものですから、戸惑うのは当たり前です。

実際、かのデカルトが「変数」を数学に持ち込んだことは数学史上の革命だとも言われています。

革命、だなんて大げさだと思われるかもしれませんが、「変数」の導入なくして関数（＝複数の変数の間に成り立つ関係）は生まれず、関数なくして微積分学は存在し得ないことを考えれば、デカルトが「変数」を扱いはじめたことは、まさにエポックメイキングな出来事でした。

†デカルトの「革命」——解析幾何学の誕生

幾何学は古代ギリシャで隆盛を極めた後、およそ１０００年にわたってほとんど発展しませんでした。5世紀～15世紀にあたるこの時期を指して「科学の暗黒時代」と呼ぶことがありますが、数学（幾何学）も例外ではなかったということです。

その後ヨーロッパはいわゆるルネッサンス時代を迎え、17世紀初頭には古代ギリシャの幾何学も完全に復興しました。それは、前章で紹介したヴィエトやデカルトによって「記号代数学」が確立された時期と重なります。

つまり17世紀初頭になって、古代より受け継がれてきた叡智の結晶とも言える幾何学と、形式的かつ合理的な式変形によって解を得る（当時は）最新の代数学が初めて並び立ったのです。このような時代背景の中、デカルトは次のような言葉を遺しています。

> 古代人の幾何学や近代人の代数学についていえば、それらの学問は非常に抽象的で、何の役にも立たない事柄だけに関するのみならず、その前者はただ図形の観察にのみ限られるために、想像力をひどく疲れさせることなしには理解力を働かせることができない。また後者においても若干の規則や若干の記号に盲従させられるために、人はこのものをもって精神を陶冶する学問とはせずして、それを悩ますばかりの混雑にしてわかりにくい技術としてしまった。（吉田洋一・赤攝也著『数学序説』ちくま学芸文庫）

数学の勉強の途中で、デカルトと同じように感じたことがある人は少なくないと思います。図形問題を解くためにはセンスやヒラメキが必要なのに自分にはそれがないと残念に思ったり、方程式の解法が具体的な数字をあてはめるだけの無味乾燥な作業に感じられたりするのはごく一般的なことです。

人類史上もっとも頭がよい人物の一人と言って間違いのないデカルトですら我々と同じ「感想」を持っていたというのは驚きですが、さすがにデカルトは余人とは違います。彼は数学を取り巻く当時の残念な状況を変えようとしました。そうして書き上げたのが、「我思う故に我あり」でも名高い『方法序説』（1637年）です。その第2部の冒頭には次のように書かれています。

> 幾何学的解析と代数学のあらゆる長所を借り、一方の短所のすべてをもう一方によって正そうと考えた。

幾何学と代数学の長所・短所を改めて書けば、幾何学の長所は視覚的でイメージが湧きやすいこと、短所は問題を解くための方法論が確立されていないこと（その都度、知恵を絞る必要がある）です。一方の代数学の長所は機械的な操作で（頭を使わなくとも）解に到達できること、短所はイメージが湧きづらいところです。

確かにちょうど長所と短所があべこべになっています。そこでデカルトはこの2つを融合させることを考えました。その結果生まれたのが、いわば図形（幾何学）と数（代数学）のハイブリッド、**解析幾何学**です。

イギリスの哲学者で、科学哲学の始祖の一人であるジョン・スチュアート・ミル（1806―1873）は、デカルトの解析幾何学の発明について、

> 彼の形而上学思索のいずれよりもはるかにデカルトの名を不朽のものとし、厳密科学の進歩のうえにかつてない最大の貢献をした。
>
> （ベル著『数学をつくった人々Ⅰ』早川書房）

と評しています。

デカルトは数と図形の両者を融合する手始めに、代数における四則演算と平方根を求める計算の結果が幾何学における作図によっても求められることを示しました。

例えば次頁のようにすれば、三角形と平行線からは積（ab）が、半円と垂線からは平方

【積】

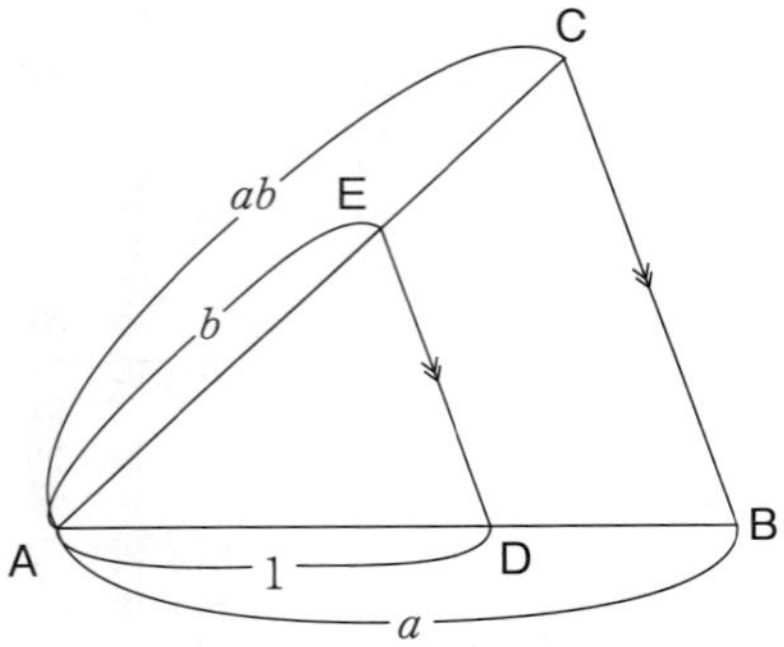

BC//DE とする。$\triangle ABC \backsim \triangle ADE$ より

$$AB : AD = AC : AE$$

$AB = a$、$AD = 1$、$AE = b$ とすれば

$$a : 1 = AC : b \quad \Rightarrow \quad \boldsymbol{AC = ab}$$

【平方根】

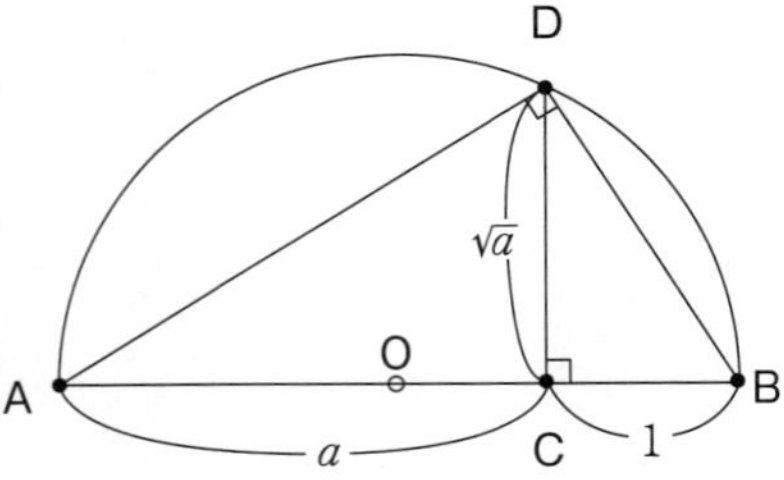

$AB \perp CD$ とする。$\triangle ACD \backsim \triangle DCB$ より

$$AC : CD = DC : CB$$

$AC = a$、$CB = 1$ とすれば

$$a : CD = DC : 1 \quad \Rightarrow \quad \boldsymbol{CD = \sqrt{a}}$$

根（$\sqrt{a}$）が図形の中に見てとれます。

続いてデカルトは、幾何学の諸問題を代数的に解決することを目指して、２つのものを導入しました。それは**座標**と**変数**です。

座標というのは、ご存知のとおり、ある平面上の点を（2,3）のような一対の数字によって表したもののことを言います。座標によって平面上の点を表すために、デカルトはx軸とそれに直交するy軸からなるいわゆる「座標系」を用意しました（左上図参照）。これを**直交座標系**と呼びますが、デカルトが『方法序説』の中で初めてそのアイディアを唱えたことから、**デカルト座標系**と言うこともあります。

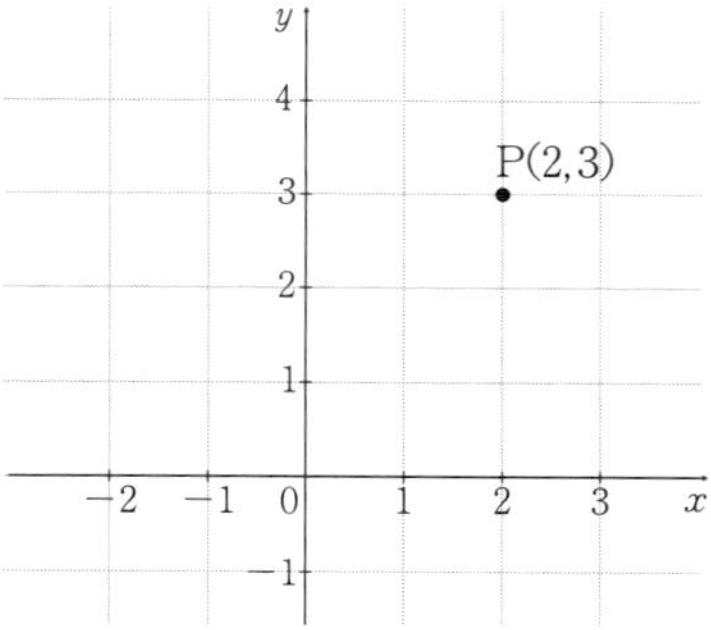

今日では座標によって座標系上のある点を表すのは、よく知られたことなので、このアイディアの意義は看過されがちですが、**座標によって平面上のいかなる点も一対の数字で表せること、またいかなる値の一対の数字であってもそれに対応する平面上の点が見つけられること**は斬新でした。座標こそが図形と数の融合という「革

命」を起こす端緒であったことは間違いありません。

さて、次にデカルトはいよいよ「変数」を導入します。

今、座標系上の原点を通る直線lの上に2つの点P_1とP_2があって、それぞれからx軸に下ろした垂線の足をQ_1とQ_2にしましょう。すると$\triangle OP_1Q_1$と$\triangle OP_2Q_2$は相似となり、

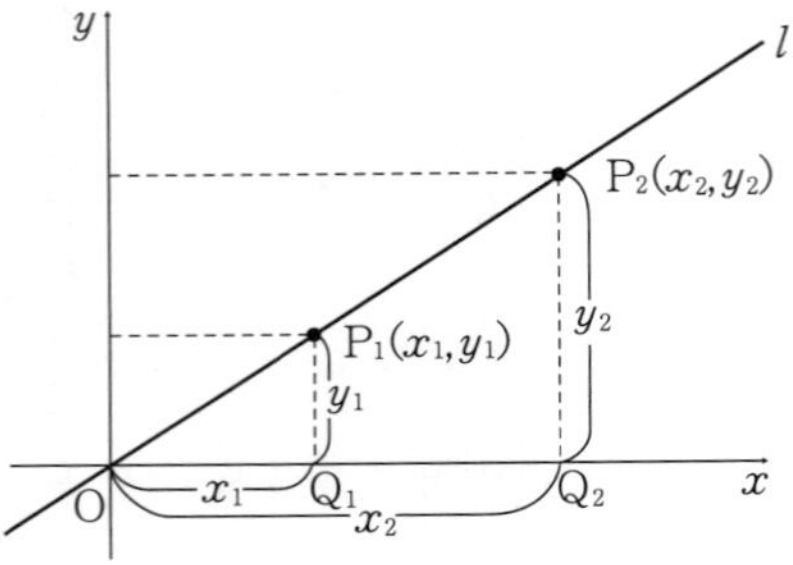

$\triangle OP_1Q_1 \backsim \triangle OP_2Q_2$ より

$OQ_1 : OQ_2 = P_1Q_1 : P_2Q_2$

よって、

$$x_1 : x_2 = y_1 : y_2$$

$$\Rightarrow x_2y_1 = x_1y_2$$

両辺をx_1x_2で割れば

$$\frac{x_2y_1}{x_1x_2} = \frac{x_1y_2}{x_1x_2} \quad \Rightarrow \quad \frac{y_1}{x_1} = \frac{y_2}{x_2}$$

ここで$\dfrac{y_1}{x_1}=\dfrac{y_2}{x_2}=a$とすると

$$\frac{y_1}{x_1} = a, \quad \frac{y_2}{x_2} = a$$

すなわち

$$y_1=ax_1, \quad y_2=ax_2$$

（ただしaは定数）

定数aを用いれば、「$y_1=ax_1$」と「$y_2=ax_2$」が成り立つことがわかります（右記参照）。

これは、直線lの上に任意の点Pをとり、その座標を（x, y）とすれば常に「$y=ax$」という式が成立することを示唆しています。

さあ、ここから特に重要です。

今さらっと「任意の点P」と書きましたが、実はこれこそが大変画期的なことでした。直線l上に無数にある点Pの座標（x, y）について「$y=ax$」が成立するということは、この式の（x, y）は**不定であり、かつ未知の量**であることを意味します。デカルトは未知であるだけでなく、色々な値をとり得るこのような量のことを、「**変数**（quantités indéterminées & inconnues）」と名づけました。

ところで「$y=ax$」は点P（x, y）が直線l上にあれば、「=」が成立する式です。前章で特定の値について「=」が成立する式のことを方程式と呼ぶことを学びました。同じように、点P（x, y）が**特定の図形の上にあるときに「=」が成立する式**のことをその**図形の方程式**といいます。「$y=ax$」は原点を通る直線lを表す方程式です。またある方程式に対してその**方程式の「=」を成立させる点の集合である図形**のことをその**方程式のグラフ**、あるいは**軌跡**と呼びます。

座標と変数の導入によって、幾何学と代数学は見事に融合し、新しい数学が生まれました。解析幾何学の誕生というデカルトの「革命」はこのようにして成し遂げられたのです。

オイラーから始まった「解析学」

「解析幾何学」は英語で「analytical geometry」と言います。「analytical」とは「分析的な」という意味ですから、解析幾何学とは結局、図形を数式で表しこれを分析する数学のことです。

一方、**解析学**（mathematical analysis）というのは——大雑把に言ってしまうと——**「微積分に関係する数学」**のことです。微分も積分もその対象となるのはいつも関数なので、関数を扱う数学全般が解析学だと言っても差し支えありません。

数学の三大分野と言えば、ふつう幾何学（第1章）と代数学（第2章）、それに解析学を加えた3分野を指します。それだけ関数を発見しこれを分析することは、図形の性質を考察したり方程式の解法を研究したりすることとおなじくらい、数学史の中で重要な役割を果たしてきました。

ただし、関数の歴史は図形や方程式のそれと比べるとうんと短いです。

最初に「**関数**（function）」という言葉を使ったのはニュートンと並んで「微積分の父」と呼ばれる**ゴットフリート・ライプニッツ**（1646―1716）ですが、その意味するところは現代の私たちが知る関数の定義（後述します）からは遠いものでした。

今日的な意味で「関数」をはじめて定義したのは18世紀の数学を牽引したスイスの**レオンハルト・オイラー**（1707―1783）です。1748年に刊行された著作『無限解析序説』第1巻の冒頭に、関数を定義した有名な一文が載っています。

> ある変化量の関数というのは、その変化量といくつかの数、すなわち定量を用いて何らかの仕方で組み立てられた解析的表示式のことをいう。
>
> （高瀬正仁著『微分積分学の誕生』SBクリエイティブ）

『無限解析序説』の中には、ここでいう「解析的表示式」についての明確な記述がありません。そのためこの定義の曖昧さはしばしば指摘されているところですが、その後に続く具体例「$a+3z$, $az-4z^2$, $az+b\sqrt{a^2-z^2}$, c^z（a〜c：定量、z：変数）」から推し量ると、オイラーは「変数zによって全体の値が決まる式」のことをイメージしていたことが伺えます。

いずれにしても、関数の歴史が高々３００年ほどしかないというのは少々驚きです。有史以前の洞窟の線刻画に幾何学模様が認められることや、４０００年近く前のリンド・パピルス（67頁）に方程式の原型が見つけられることを考えると、関数の歴史はかなり「短い」と言えるでしょう。それでもこれを扱う解析学が「数学の三大分野」のひとつになり得たのは、そして高校数学では関数こそが主役であるのは、**関数の理解とはすなわち因果関係の理解であり、関数の発見は世界を司る真理の発見そのもの**だからです。

関数は、これほど大切なものなのに、変数の導入に戸惑うせいか、きちんと理解できている人は多くありません。そこで次項では、関数のイロハを改めてお話ししておきたいと思います。

†関数は「函数」だった

「関数」はもともと中国から輸入した言葉です。ただし当初は「函数」という漢字を使っていました。「函数」は、中国語では「ファンスウ（hánshù）」と発音することから、「function」の音訳であると言われています。

その後日本では１９５８年に当時の文部省が、なるべく当用漢字（現在は常用漢字）を使って学術用語の統一をはかろうと「学術用語集」を編纂したのを機に、「函」の代わりに発音が同じ「関」を使うようになりました。

ただ私は、関数の本質を表すには「函数」の方が良いと思っています（実際一部の数学者は今でも好んで函数と表記します）。なぜなら、ある「函《はこ》」にxという値を入力した際、xの値に応じて得られたyという出力に対して、「yはxの函数（関数）である」と言うのは実に的を射ているからです（左図参照）。

函の正体

$$y=2x+1$$

ちなみに辞書的な関数の定義は次のとおり。

2つの変数x、yがあって、xの値が決まると、それに対応してyの値が1つ決まるとき、yはxの関数であると言う。　（『大辞泉』）

関数の理解でもっとも大切なことは——出力が入力の関数であるならば——**1つの入力値に対して、出力値は必ず1通りに決まる**、という点です。

例えば「$y=x^2$」のとき、xの値を決めれば、yの値も1通りに決まるのでyはxの関数と言えます。でも「$x^2=y$」に対して、yを入力、xを出力と考えると、yの値を決めてもxの値を1つに決めることはできない（例：$y=1$のとき、$x=1$の可能性も$x=-1$の可能性もある）ため、「$x^2=y$」におけるxはyの関数ではありません。

†因果関係について

指揮者の小澤征爾さんは演奏会の直前、かならず木製のもの（楽屋の扉など）をコンコンとノックされてからステージに出られます。これについてはご本人も「おまじないのようなものです」とおっしゃっていますが、同じように「靴は必ず右足から履く」のようなゲン担ぎをする人は案外多いものです。しかし、ゲン担ぎの後でよい結果が得られることが度重なったとしても、そのゲン担ぎと結果の間に因果関係があることはほとんどありません。

不動産屋さんの定休日に水曜日が多いのも「契約が水に流れる」ことを嫌うゲン担ぎからくるそうですが、曜日がいつであるかということと契約が成立するかどうかは明らかに無関係です。水曜日に契約が成立することも、水曜日以外に契約が不成立に終わることもきっとたくさんあるでしょう。

また、スポーツ選手が1年目に活躍すると2年目には活躍できないというのは、「2年目のジンクス」といって有名です。でも入団1年目の活躍と2年目の不振の間に因果関係があるとは言えません。なぜなら、入団から2年連続で最多勝に輝いた松坂大輔投手や1年目18勝、2年目17勝という目覚ましい成績をおさめた野茂英雄投手のような例もあるからです。

「それでも1年目に活躍して2年目に振るわなかった選手は多いのだから、やっぱり因果関係があるんじゃないの？」

という意見もあるかもしれません。でもこう考えてしまう人はおそらく因果関係を誤解しています。もし1年目の活躍が2年目の不振の原因なのだとしたら、1年目に活躍した選手は必ず（1人の例外もなく）2年目には不振に陥るはずです。

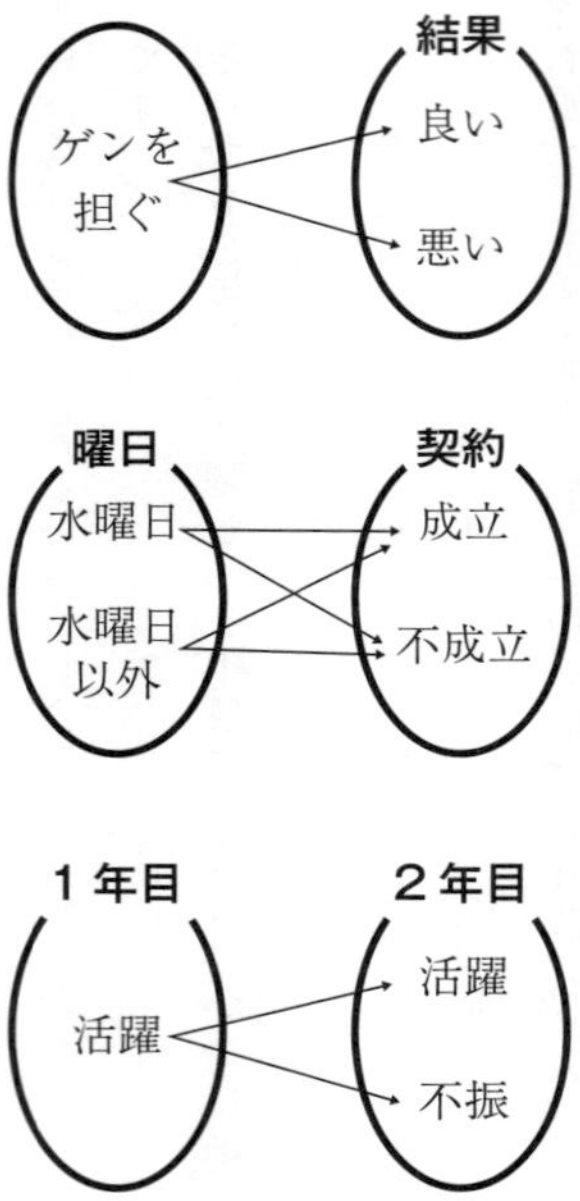

2つの事柄の間に因果関係が成立する、というのは1つの原因から結果が1通りにきまることを意味します。例外は許されません。

一般に、原因と結果の間に——正しい意味で——因果関係が成立するケースには次の2つがあります。

① 原因から結果が1通りに決まり、結果から原因も1通りに決まる。

② 原因からは結果が1通りに決まるが、結果からは原因が1通りに決まらない。

勘の良い読者にはそろそろ、なぜ私が先ほど「関数の理解とはすなわち因果関係の理解である」と書いたのかがわかってもらえるのではないでしょうか。そうなんです。「原因から結果が1通りに決まる」という因果関係が成立するための条件は、「原因」を「xの値」、「結果」を「yの値」に読みかえれば、そのままyがxの関数であるための条件になります。

原因と結果が関数的な関係にあることは、原因と結果の間に厳密な因果関係が成立することと同義です。

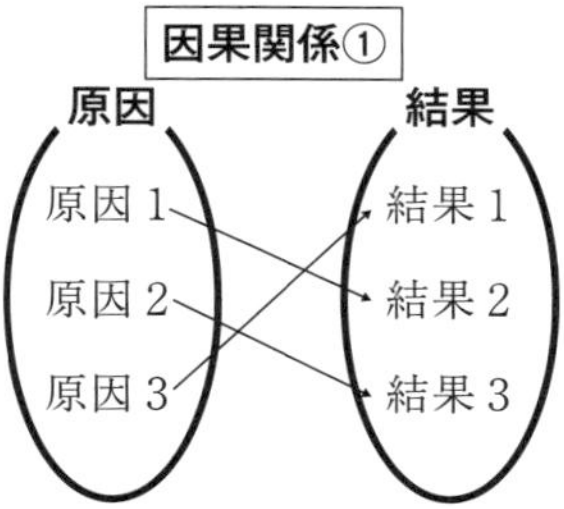

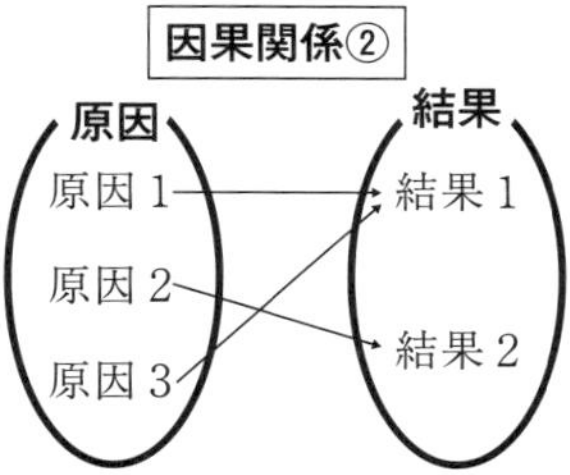

現実の世の中では例外はつきものなので、本当の意味での因果関係が成立することは滅

多にありません。でもそんな中で私たちをとりまく世界の中に、結果が原因の関数になっている、まったく正しい意味での因果関係が見つかれば、それは紛れもない真理の発見です。例えば、物体の間にはたらく万有引力は質量と距離の関数になっていますし、放射性同位体の原子数は時間の関数です。

また統計の分野では、現実のいくつかの変数の間に相関関係が成立することを見つけ、そこに——多少の例外はあったとしても——近似的に関数関係を仮定して未知のデータの予想を行う回帰分析と呼ばれる手法が盛んに行われています。

こんな風に書くと、関数の発見は科学者や統計学者の専売特許のように思われるかもしれませんが、決してそんなことはありません。

様々なファクターが複雑に絡みあう混沌とした社会にあって、先行きの不安を抱えている人は多いでしょう。だからこそ私たちはこんがらがった毛糸の球の中から糸の端を探すかのごとく、ある行動がどういう結果に繋がるのかを知りたいと願っています。実はそれは身の回りに関数を探そうとする営みそのものです。ある出来事が他のどのような出来事によって決まるかを考える能力は、人間が生きていくためには欠かせないスキルだと私は思っています。

さらに、関数の理解を通して因果関係をきちんと理解することは、論理的にものごとを考えるための基礎にもなります。

数学を社会に生きる人間の役に立つものにしようとする限り、関数の理解を深める解析学が最重要分野のひとつに数えられるのは至極当然のことなのです。

私たちは、中学数学の比例、反比例、1次関数、2次関数を通してはじめて関数と出会い、解析学へと続く扉を開きました。それは数学のみならず、中学で学ぶ全学科の全単元の中でも極めて重要な、そして記念すべき一歩であったと言っても言い過ぎではありません。

ところで、先ほどの2つの因果関係のうち①では、原因と結果が1対1に対応しています。この「1対1対応」についてはもう少し掘り下げます。

†1対1対応の使い方——「計算」の語源が「小石」である理由

英語で「計算法」を表す「calculus」を辞書で引いてみると2番目に「(腎臓などの)結石、歯石」と書いてあります。同じ言葉が「計算法」と「結石、歯石」という、似ても似つかない2つの意味を持つのはなんだか不思議な感じです。ちなみに「calculus」のそもそもの語源は「小石」を表すラテン語の「calculus（カルクルス）」なので、「結石・歯石」の方が「calculus」のもともとの意味には近いのでしょう。

ではなぜ「石」を意味する言葉が「計算」という意味になったのでしょうか？　それは、その昔人類が「数」と付き合い始めた頃のものの数え方に由来しています。

現代でも、アフリカや南洋諸島等に住む原住民族の中には数は「2」までしか数えられなくて、3つ以上は「いっぱい」ですませてしまう人たちがいるそうです。おそらく太古の私たちの祖先も同じようなものでしょう。しかし生活をしていれば、当然2より大きな数を「数える」必要はいくらでもあります。そんな時、彼らは数を数える代わりに石を使いました。

仮にある部族の酋長が30人の家来を持っていたとしましょう。しかし酋長は30という数を数えることができません。そこで酋長は小石をたくさん用意してから家来を全員集めて次のようにしました。

酋長「皆の衆、ここにある小石を1人1つずつ取っていってくれ」

家来たち「へい」

酋長「みんな持っていったか？　2つ持っていったらだめだぞ」
家来たち「へい」

ここで酋長は残った小石を捨ててしまいます。

酋長「それじゃあ、みんなワシに小石を返してくれ」
家来たち「へい」

こうすると、酋長の手元には30個の小石が集まるはずです（酋長は「たくさんあるなあ」としか思いませんが……）。そして次に家来を集めたときには、この小石を1つずつ家来に渡していきます。もし酋長の手元に小石が残るようなら、まだ来ていない人がいることがわかります（参考：矢野健太郎著『数学物語』角川学芸出版）。

このような「計算」が成り立つのは、**小石1つに対して家来1人が対応している**からです。それが分かっている酋長は小石を持っていかない家来がいたり、1人が2つ持っていったりしないように注意しています。

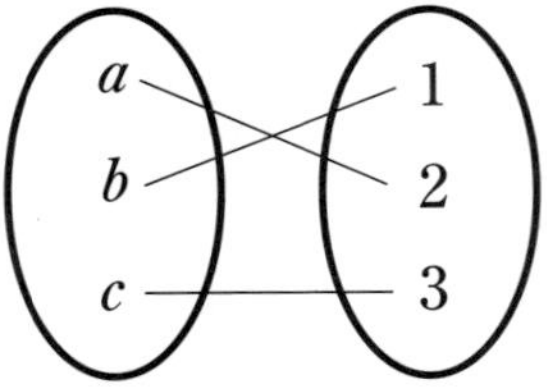

同じような「計算」は私たちにもお馴染みですね。例えば、イベント等の主催者が来場者数を知りたい場合、原始的かつ確実な方法は入り口でもぎったチケットの半券を数えることです。この場合もチケットの半券1枚と来場者1人が対応しています。

一般に、2つの集合において片方のそれぞれの要素が、他方のそれぞれの要素に1つずつ対応することを、**1対1の対応**と言います（上図参照）。

アマチュア野球のチームではふつう9人のレギュラーと1番から9番の背番号は1対1に対応していますし、あなたの携帯と携帯番号も1対1対応です。先に紹介した、座標軸上の点とその点を表す座標も1対1対応になっていましたね。

数学の世界では**複雑なものを簡単なものと1対1に対応させることで問題を解決しようとする**ことがよくあります。関数をグラフで考えるのはその代表例です。

次頁からはいよいよ中学数学で学ぶ解析学の具体的な内容に入っていきます。キーワードは変数、因果関係、1対1対応（グラフ）の3つです。

変数について理解する中学数学

例えば、「$2x+1=7$」という方程式のxは3を表します。言うなれば、「3」という特定の数が「x」という覆面を被ったようなものです。このようなxのことは未知数といいます。

†変数との出会い――関数（中1から中3）

ところで、「$2x+1=7$」という方程式をみると、「$2x+1$」が7になるときのxを求めなさい、という圧力めいたものを感じませんか？（笑）そんなことない、という人ももちろんいらっしゃると思いますが、方程式の中のxには特定の値しか許されないという一種の窮屈さがあるのは事実です。そこで、この窮屈さから解放されるために、方程式の「7」を文字（例えばy）に差し替えてみましょう。すなわち「$2x+1=y$」とします。そして――ここが重要です――**xにはどんな数も許されることにします。**xは2でもマイナス3

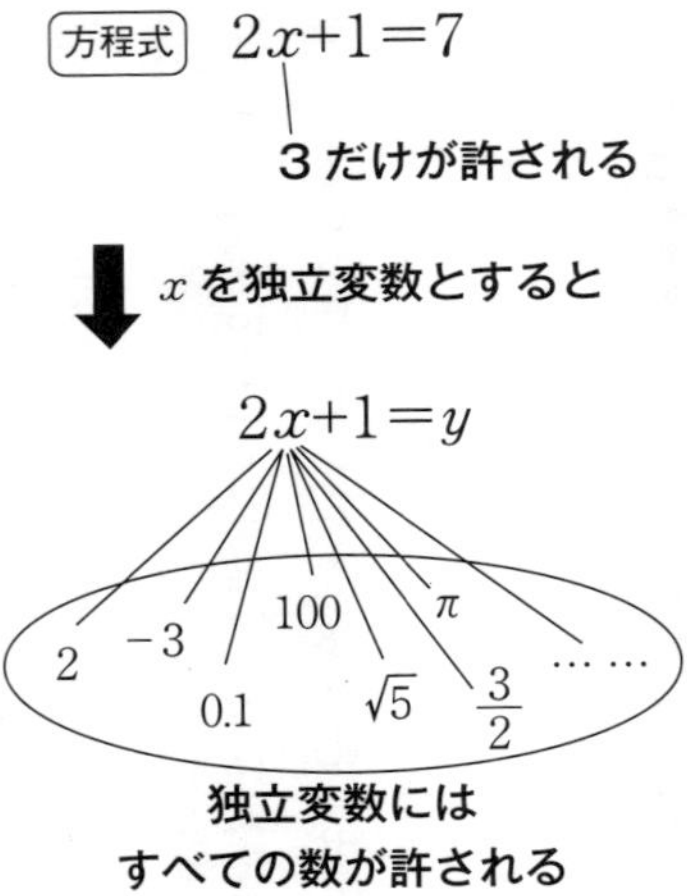

でも0・1でも100でも構いません。すると***y***は***x***の値に応じて5やマイナス5や1・2や201という値をとります。いろいろな値をとるxやyのように、未知数でありかつ不定である文字を**変数**（variable）といいます。

xに好きな数を入れてよいのなら、もうxについて窮屈さは感じないでしょう。xは今や、あなたが自由に値を変えてよい量になりました。このような何の制約も受けない変数のことを特に「**独立変数**」（independent variable）といいます。これに対して、yはxの

値に応じて決まる変数なので、「**従属変数**」(dependent variable) といいます。

y が x に対して従属変数になっているとき、すなわち y が x の値によって1つに決まる数であるとき、「y は x の関数である」といい、「y is a function of x」に由来して、「$\boldsymbol{y=f(x)}$」と表します。

中学数学で学ぶ関数は次の3種類です（グラフについては後述します）。

1次関数　$f(x)=ax+b$

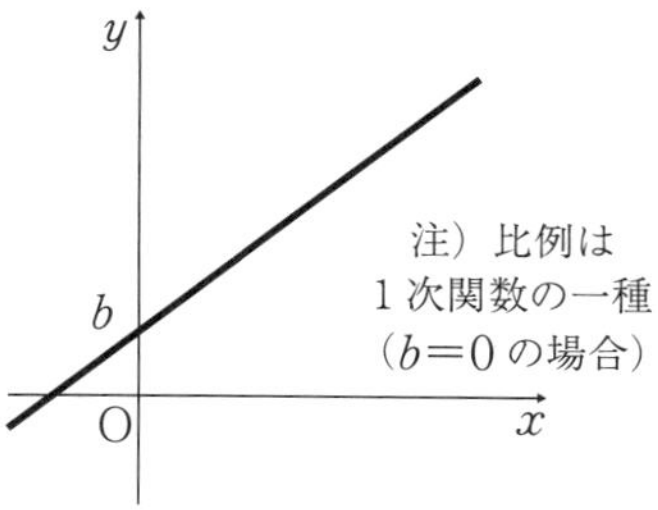

分数関数（反比例）

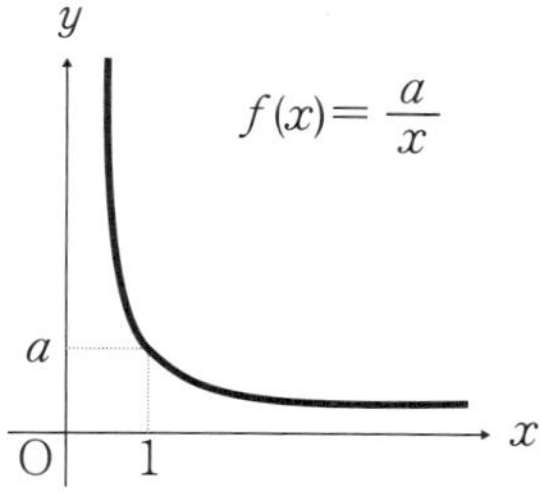

2次関数　$f(x)=ax^2$

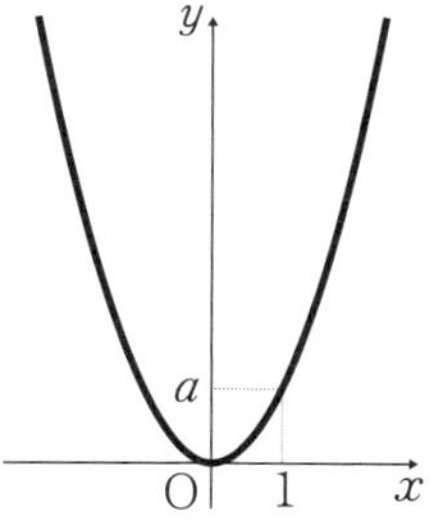

†関数を調べる際の基本——変化の割合

まずは、次の問題を考えてみてください。

【問題】

あなたは家で、車で訪ねてくる2人の友人AとBを待っています。2人はそれぞれの自宅から別々の車で来ます。

12時ちょうどにAから電話があり、その時点でAはあなたの家から18㎞のところにいました。ついで12時10分にはBからも電話があり、Bはその時点であなたの家から20㎞のところにいました。その後12時30分にAが到着したので、Bに電話をしてみると、Bはあなたの家から6㎞のところにいると言います。

2人の友人の平均速度（全行程を一定の速度で走ったと仮定したときの速度）を計算して、どちらの方が速いか答えなさい。

【解答・解説】

Aは1／2時間（30分）で18㎞を、一方Bは1／3時間（20分）で14㎞を走ったことになるので、「距離÷時間＝速度」より

A　$18 \div \frac{1}{2} = 36$(km/時)

B　$14 \div \frac{1}{3} = 42$(km/時)

ですね。Aは時速36㎞、Bは時速42㎞ですから、全行程を一定の速度で走ったと仮定すれば、平均速度はBの方が速いことがわかります。

小学生でもわかりそうな問題で、「公式にあてはめただけじゃないか」と言われてしまいそうですが、実は右のように考えることは、大変重要な考え方を含んでいます。平均速度とはすなわち**平均変化率**であり、これを調べることは関数を調べる際の基本であるだけでなく、ゆくゆくは微分にも繋がっていくからです。

（注）中学数学では平均変化率のことを「変化の割合」といいます。

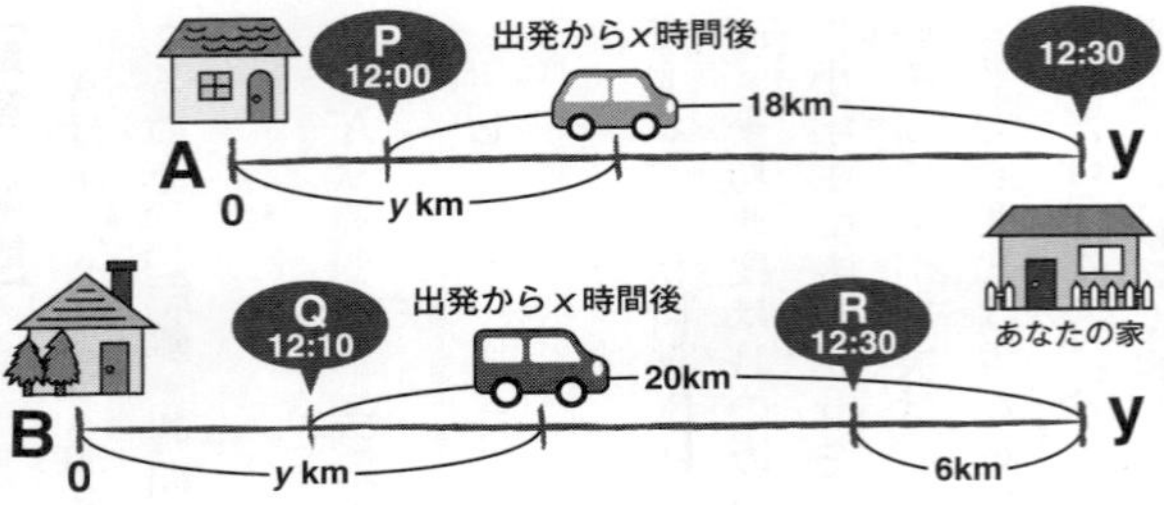

「距離÷時間＝平均速度」は、「距離＝平均速度×時間」と変形できます。ここで、平均速度をa（一定）、それぞれの友人が自宅を出発してからの時間をx、自宅からの距離をyとすれば「$y=ax$」です。xには自由な数を入れることができるので、xは独立変数、yは従属変数であると見なすことができます。つまりyはxの関数です。

（注）aが0でないとき「$y=ax$」は「$x=\frac{y}{a}$」と変形して、yを独立変数、xを従属変数と考えることもできるので、その場合はxがyの関数となります。

さきほどの問題では友人Aや友人Bの自宅があなたの家からどれくらい離れているかは、わかりませんでした。また2人がそれぞれ何時に家を出たのかも不明です。でも、例えばAについては、あなたの家から18kmの地点Pからのあなたの自宅に到着するまでの時間が30分であることを使って、つまりyの変化分が18kmのとき、xの変化分が1／2時間であることを使って

yの変化分（18km）÷xの変化分（1／2時間）

を計算しました。Bについても同様です。

結局平均速度というのは、時間をx、距離をyとしたときの、**xの変化分に対するyの変化分の割合**に他なりません。

yがxの関数になっていて、その関数がどのような性質を持っているかを調べたいとき、xに同じ値を入力し続ける人はいないでしょう。そんなことをしても、yとして出てくる値はいつも同じです（xに同じ値を代入しているのに、毎度yが違う値になるのであればyはxの関数ではありません）。色々な値を入力してみて、yがどのように変わるかを調べるのが自然だと思います。そこで登場するのが、xの変化分を「もとになる量」、yの変化分を「比べる量」としたときの割合、すなわち「**平均変化率**」です。平均変化率の定義は次のとおり。

【平均変化率（変化の割合）】
一般に

$$y = f(x)$$

であるとき、x が p から q まで変化すると、y は $f(p)$ から $f(q)$ まで変化する。このとき、x の変化分に対する y の変化分の割合を「**平均変化率（変化の割合）**」という。

$$\text{平均変化率} = \frac{y\text{ の変化分}}{x\text{ の変化分}} = \frac{f(q)-f(p)}{q-p}$$

例 1）$y=ax+b$ のとき、すなわち $f(x)=ax+b$ のとき、

$$\begin{aligned}\text{平均変化率} &= \frac{f(q)-f(p)}{q-p}\\ &= \frac{(aq+b)-(ap+b)}{q-p}\\ &= \frac{aq+b-ap-b}{q-p}\\ &= \frac{aq-ap}{q-p}\\ &= \frac{a(q-p)}{q-p} = \boldsymbol{a}\end{aligned}$$

例 2）$y=ax^2$ のとき、すなわち $f(x)=ax^2$ のとき、

$$\begin{aligned}\text{平均変化率} &= \frac{f(q)-f(p)}{q-p}\\ &= \frac{aq^2-ap^2}{q-p}\\ &= \frac{a(q^2-p^2)}{q-p}\\ &= \frac{a(q+p)(q-p)}{q-p} = \boldsymbol{a(p+q)}\end{aligned}$$

例1にあるとおり、1次関数（$y=ax$）では平均変化率はいつでもxの係数aに一致するので一定です。また例2をみると2次関数（$y=ax^2$）では平均変化率はxの2乗の係数aとxの区間の両端点の和（$p+q$）との積になっています。2次関数ではxの区間をどこにとるかによって平均変化率の値は変わります。

なお、――この先は高校数学の範囲ですが――xの変化分を限りなく0に近づけたときの平均変化率の極限がいわゆる「微分係数」です。そして微分係数の変化を関数として捉えたものが導関数であり、微分とはある関数の導関数を求めることをいいます。

【参考】微分係数と微分

$$y=f(x)$$

に対し

$$f'(p)=\lim_{q\to p}\frac{f(q)-f(p)}{q-p}$$

で定まる$f'(p)$を、$f(x)$の$x=p$での**微分係数**という。

$f'(p)$は$y=f(x)$のグラフの$x=p$における接線の傾きになる。

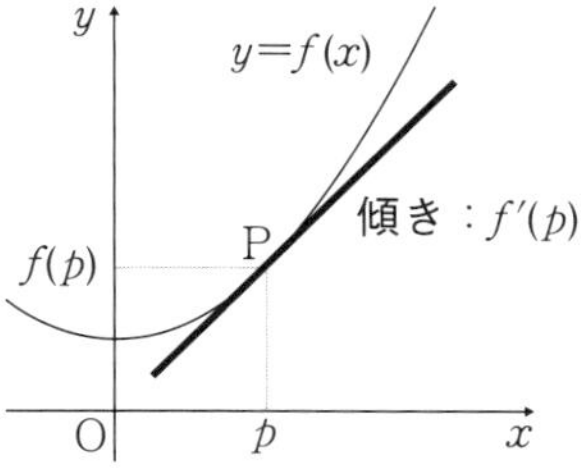

また、$f'(x)$のことを$f(x)$の**導関数**といい、導関数を求めることを**微分**という。

因果関係を理解する中学数学

†原因をつきとめる——関数の利用（中1から中3）

前述のとおり、関数の理解とは因果関係の理解です。それは、ものごとの結果が何によって決まるのかを考えることから始まります。ここではいくつかの関数の問題を通して、因果関係を捉える練習をしてみたいと思います。まずはこんな問題です。

【問題】 次の中からyがxの関数になっているものを選びなさい。

（1）長さx［cm］の針金を折り曲げて作った正方形の面積をy［cm^2］とする。

（2）体積がx［m^3］で質量が1kgの物質の密度をy［$\mathrm{kg/m}^3$］とする。

（3）ある高校の偏差値をxとし、その高校の昨年の東大合格者数をy人とする。

（4）ある駅からの徒歩x分のワンルームマンションの家賃をy円とする。

（5）円周率の小数点以下x位の数をyとする。

【解答・解説】

（1）長さ x［cm］の針金を折り曲げて正方形を作ると、左上の図のように正方形の一辺の長さは

$$x \div 4 = \frac{x}{4}\,[\mathrm{cm}]$$

になります。面積 y は x によって決まるので ***y* は *x* の関数**。

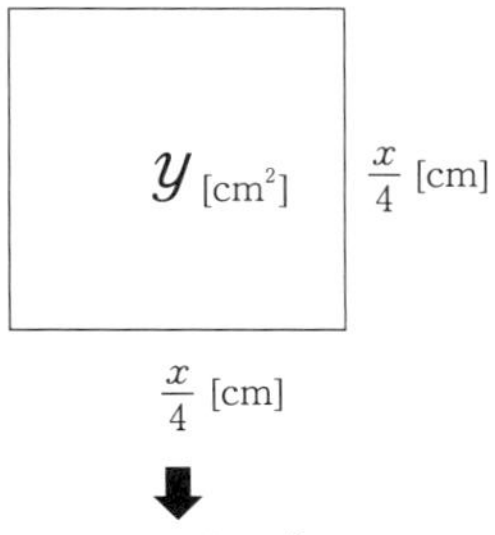

$$y = \left(\frac{x}{4}\right)^2 = \frac{x^2}{16}$$

（2）体積×密度＝質量なので、

$$x \times y = 1 \quad \Rightarrow \quad y = \frac{1}{x}$$

となります。y は x に反比例し、x によって値が決まるので、***y* は *x* の関数**。

（3）偏差値の高い高校ほど東大合格者の数も多い傾向、

があるとは思いますが、偏差値70なら10人、のように偏差値によって1通りに決まるわけではないので、**y は x の関数ではありません。**

(4) 一般に駅から離れれば家賃の相場は低くなるものですが、家賃は、部屋の広さ、築年数、日当たり、周辺環境等によっても変わるのでやはり **y は x の関数ではありません。**

(5) 円周率は「3.14159265358979323846…」と小数点以下永遠に数が続いています。例えば小数点以下第3位の数は「1」で、同じく第10位の数は「5」です。このように小数点以下の第何位かを決めれば、数字も決まるので、**y は x の関数。**

以上より、y が x の関数になっているのは(1)、(2)、(5)の3つとわかります。

次はこんな問題です。

【問題】

あなたは工場の在庫管理を任されることになりました。ある商品の原材料の仕入先はＡ社とＢ社の２つがあります。単価はそれぞれＡ社１００円、Ｂ社１５０円です。ただし、Ａ社は一度に大量に購入する必要があり、材料の保管費用が月額で10万円かかります。Ｂ社は少量でもすぐに使う分だけをその都度仕入れられるので保管費用は発生しません。Ａ社から仕入れた方が得になるのはこの商品を一ヵ月あたり何個以上仕入れた場合かを答えなさい。

【解説】

当たり前と言えば当たり前ですが原材料にかかる**費用を決定するのは仕入れる個数**です。すなわち費用は仕入れ個数の関数になっています。そこで、月間の仕入れ個数をx個、原材料にかかる費用をy円として問題文の条件どおりに計算してみましょう。

Ａ社は単価１００円ですが保管費用10万円がかかるので

$$y_A = 100x + 100000$$

一方のB社は単価が150円なので

$$y_B = 150x$$

すると、$x=2000$ でA社から仕入れたときの費用（y_A）とB社から仕入れたときの費用（y_B）が同じになることが分かります（次頁）。

単価はA社の方が安いので一カ月あたり2000個以上仕入れる場合はA社から仕入れた方が得です。

念のためそれぞれの関数（1次関数＝直線）のグラフも解答の最後に書いておきますね。

【解答】

月間の仕入れ個数を x 個とし、原材料にかかる費用は、A 社から仕入れた場合は y_A 円、B 社から仕入れた場合は y_B 円とする。問題文より

$$y_A = 100x + 100000$$

$$y_B = 150x$$

$y_A = y_B$ とすると

$$100x + 100000 = 150x$$

$$\Rightarrow \quad 50x = 100000$$

$$\Rightarrow \quad x = 2000$$

よって、一カ月あたり 2000 個以上仕入れるのであれば A 社の方が得。

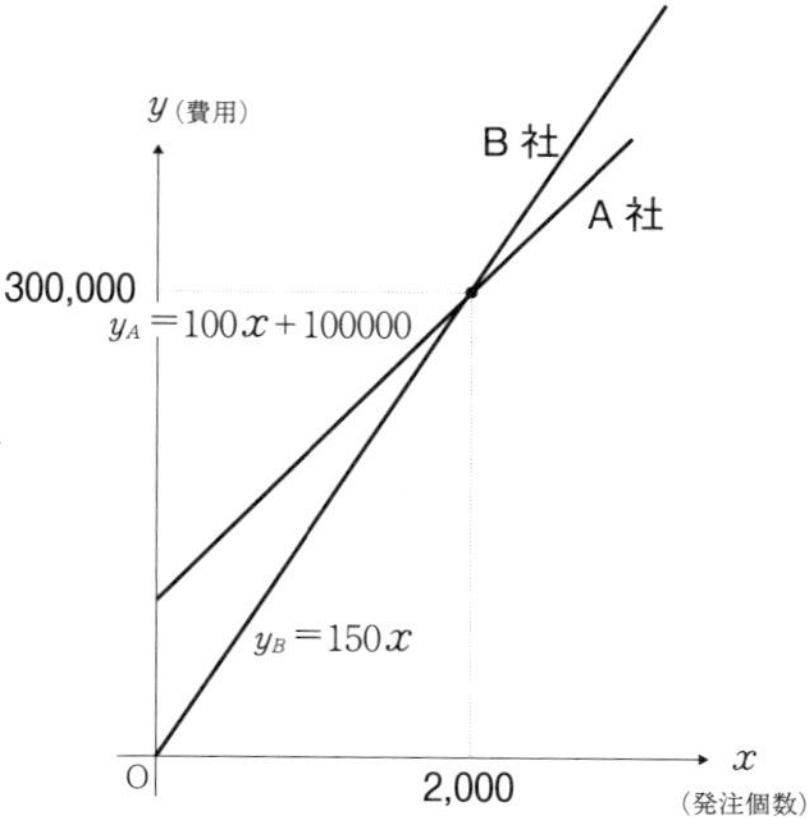

1対1対応（グラフ）を使いこなすための中学数学

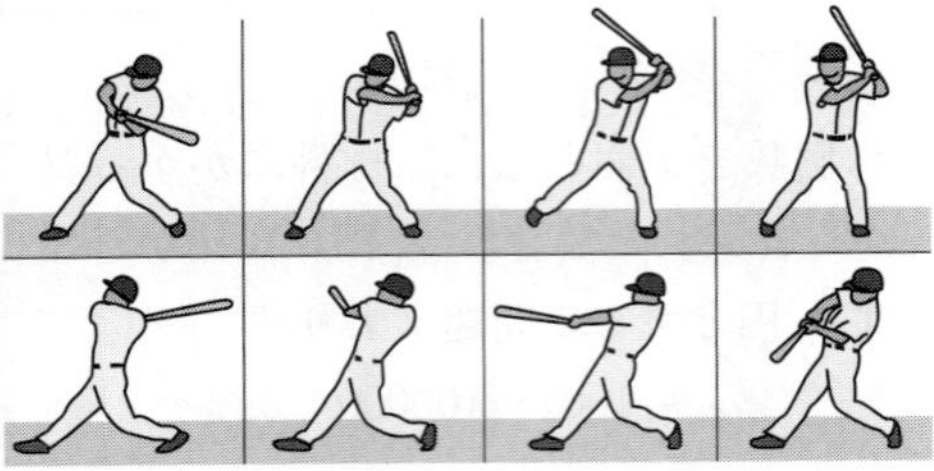

†変化を目撃する——関数とグラフ（中1から中3）

関数の性質を平均変化率よりももっと直観的に示してくれるもの、それがグラフです。

yがxの関数であるとき、独立変数xの変化に対して従属変数yがどのように変化するかを捉えるのは、決して簡単ではありません。

しかしグラフを書けば、変化の様子は一目瞭然です。

それは野球選手のスイングを連続写真で捉えることと似ているかもしれません。1回のスイングの中でバットがどの位置にあるかは時間の関数になっていると言えますが、平均変化率を求める計算は、上の10枚の写真の中から2枚の写真を取り出して、スイングスピードを計算するようなものです。仮にそれが時速150㎞とわかったとしても――おお、凄いとは思うでしょうし、他の選手との比較もできますが――そこからスイングの全貌を知ることは難しいでしょう。でも時間変化に伴うバットの位置の変化を連続写真として1枚の絵にまとめればスイングの詳細が、文字どおり、見えてきます。

123頁に紹介した

「$y=x^2$ において x の変域が $1\leqq x\leqq 3$ であるとき y の最小値を求めなさい」

という問題が基本問題になり得るのも、やはりグラフの恩恵でした。グラフに表すことによって、変わりゆく2つの変数をもつ関数を「1枚の絵」として静的に捉えられるようになります。関数をグラフとして表せるのは、**xとyを一対にした数字の組**とデカルトの発明した**直交座標系上の点とが1対1に対応する**からです。

ところで「$y=x^2$」のグラフがいわゆる放物線になることは、どのようにしてわかるのでしょうか？ **$y=f(x)$ のグラフというのは、対応する (x, y) の値をすべて座標軸上に書き入れた際にできあがる図形のこと**です。しかし、すべての値（無数にあります）を計算することはできません。

そこでまずは限られたいくつかの値を計算してみます。
左の表は「$y=x^2$」に対して、xに-3から3までの整数を順に入れてみたときのyの値をまとめたものです。次にこれらの7つの数字の組を、座標軸上に書き入れます。

$y=x^2$ のとき

x	-3	-2	-1	0	1	2	3
y	9	4	1	0	1	4	9

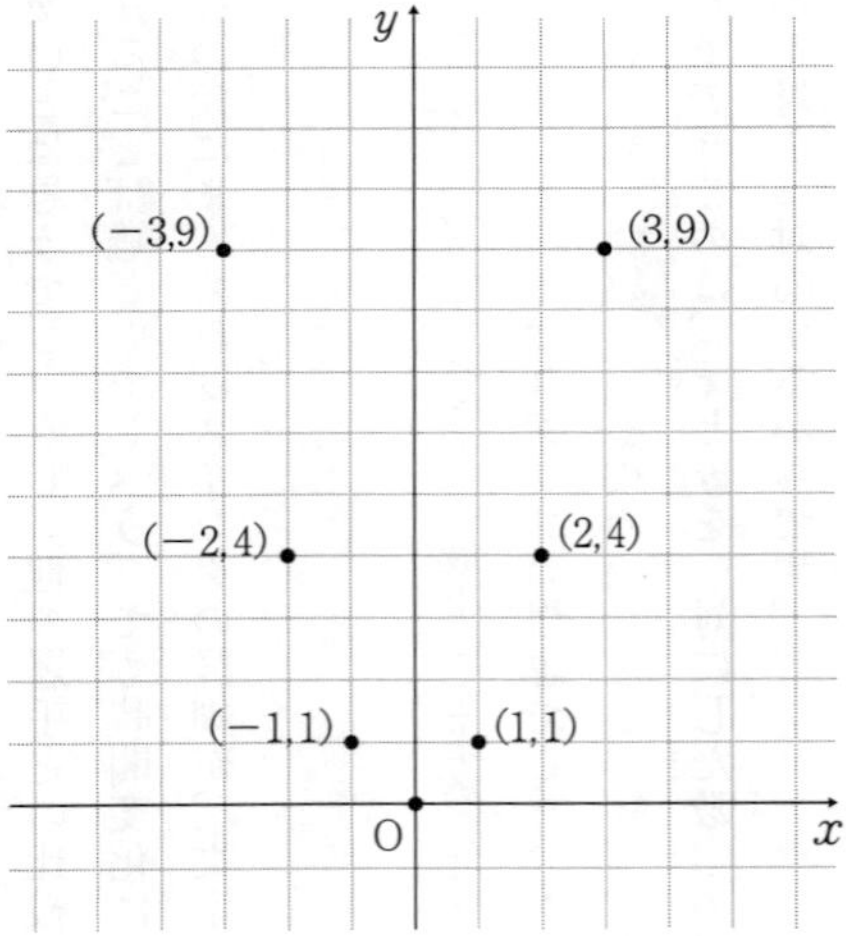

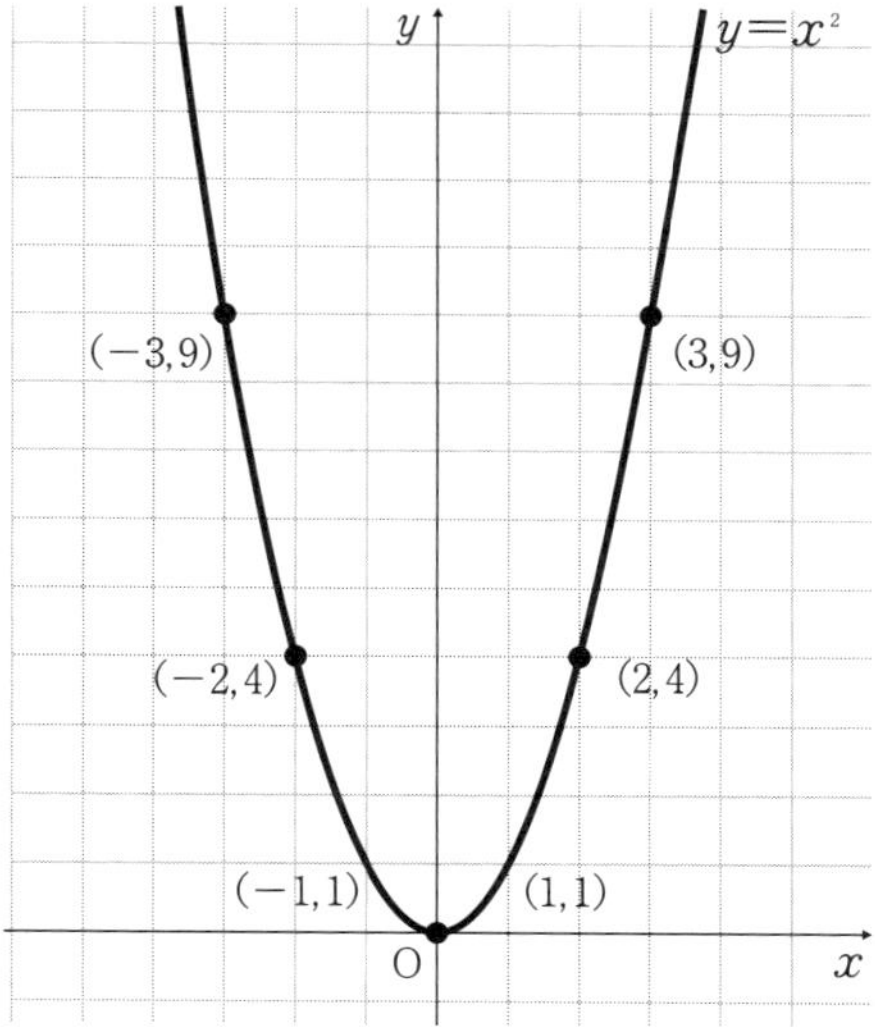

そしてこれらの値をなめらかに繋いでみます。

すると、上の図のような形になることがわかります。これが「$y=x^2$」のグラフです……と言われて

「なるほど」

と思ったあなたはとても素直な人です。でも、数学に取り組むときだけはもう少し疑り深くなりましょう。

先ほども書きましたとおり、関数のグラフというのは対応するすべての (x, y) が集まってできあがった図形です。それなのに私たちはたった7組の値を計算しただけで、あとは勝手に「なめらかに」繋いでしまいました。

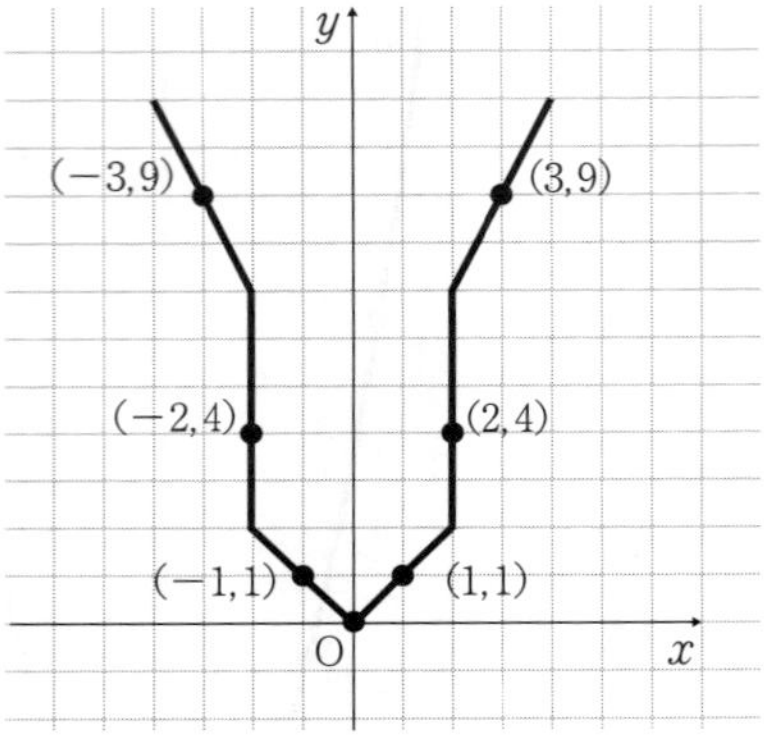

他の対応する (x,y) がその図形上にある保証はどこにもありません。もしかしたら「$y=x^2$」のグラフは上の図のようになっているかもしれないのです。

実際のところ、「$y=x^2$」が前頁のような美しい放物線になることを確かめるためには、「$y=x^2$」を微分し、その増減表を書いてみる必要があります。

同じように、反比例のグラフがいわゆる直角双曲線になることも中学数学の範囲では代表的ないくつかの点をなめらかに繋ぐことで推定したに過ぎません。

一方、「$y=ax$」が原点を通る直線を表すことは、既に示したとおりです（132頁）。1次関数「$y=ax+b$」については、「$y=ax$」のグラフを y 方向に $+b$ だけ平行移動したものだと考えられるので、やはり直線になることがわかります。

中学数学に登場する3種類の関数（比例を含む1次関数、反比例、2次関数）のうち2種類については、少々アバウトな感じでその形を決めたということは知っておいていいと思います。１次関数以外の関数のグラフを厳密に（そして自由に）考えられるようになることは微分を学ぶまでの楽しみに取っておきましょう。

中学数学のうちに是非とも学んでもらいたいのは、デカルトが座標軸を考えだしてくれたおかげで、**関数の式を満たす（x, y）に対応する点は必ずそのグラフ上にあり、またグ**

反比例のグラフ

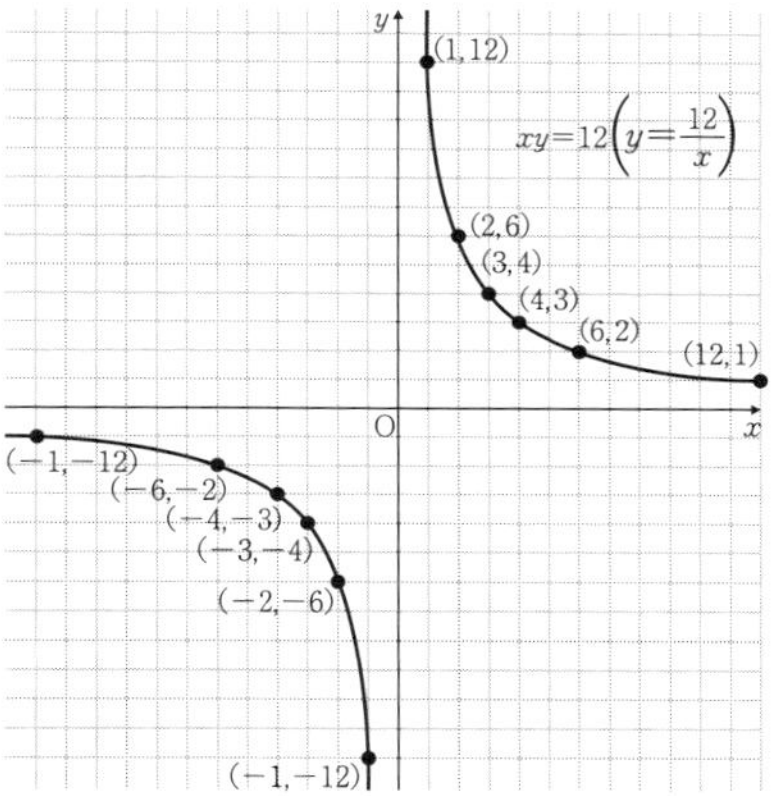

1次関数のグラフ

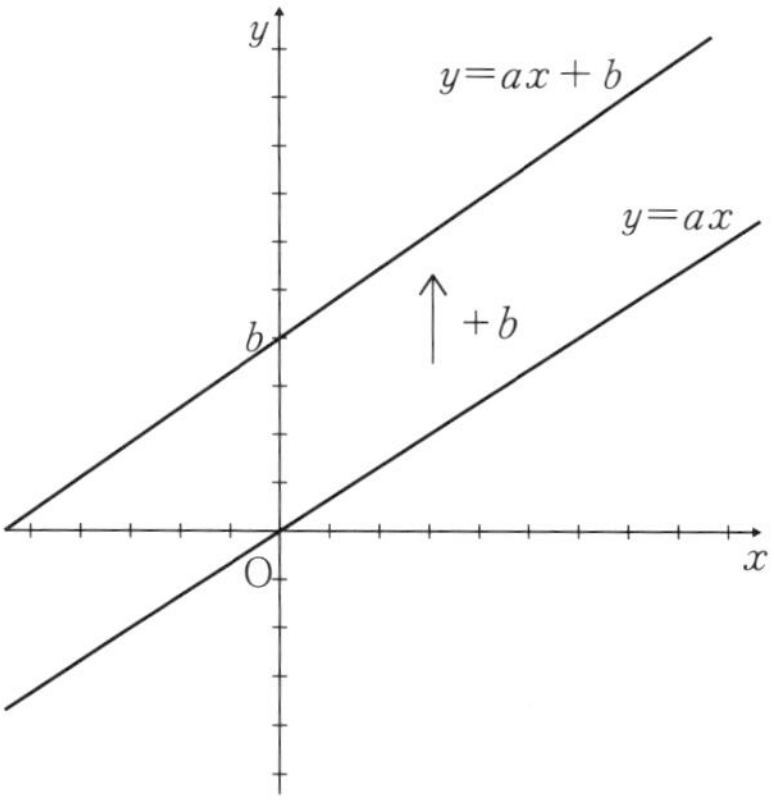

ラフ上の点に対応する（x, y）は必ず関数の式を満たすという1対1対応が成立することです。高校の入試ではこれが分かっているかどうかを問う問題が本当に多いです（私の印象では過半数を超えています）。

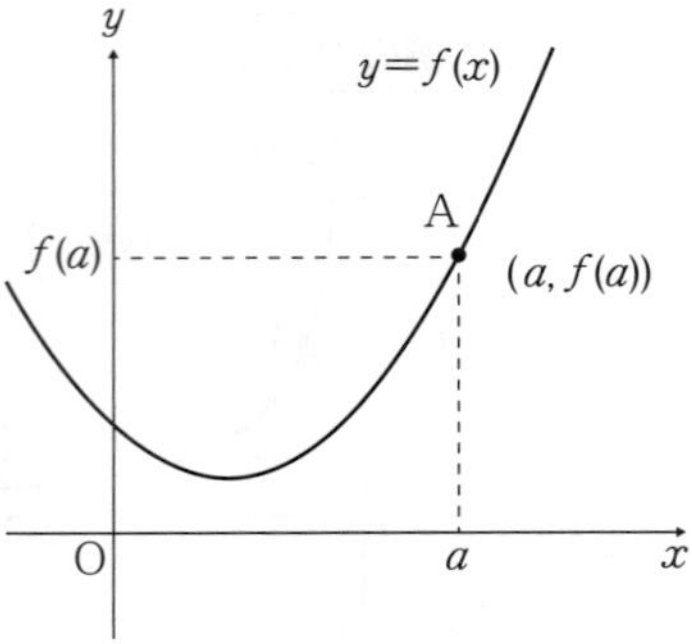

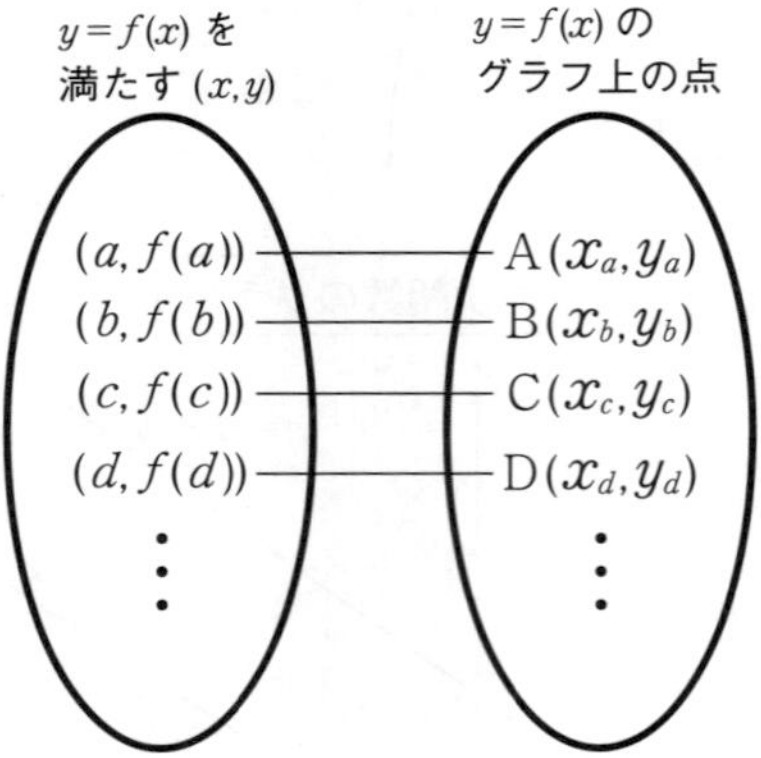

注）「式を満たす」とは、式に代入したときに「＝」が成立することを意味します。

では、典型的な問題を紹介します。

【問題】

3直線 $x+y=-1$, $x-ay=-9$, $ax-y=5$ によって作られる三角形の2つの頂点の座標が $(1,\ -2)$、$(-3,\ 2)$ であるとき、この三角形のもう1つの頂点の座標は□である。

［筑波大附高］

【解説】

与えられた3つの式はそれぞれ、上のように変形することができるので、

$$y=-x-1$$

$$y=\frac{1}{a}x+\frac{9}{a} \qquad (a\neq 0)$$

$$y=ax-5$$

これらは1次関数であり、グラフは確かに直線です。問題文にはこの3直線によって三角形ができて、その交点が $(1,\ -2)$ と $(-3,\ 2)$ であると書いてあります。3本の直線によって三角形ができるとき、3本が一点で交わることはないので、この2つの点はそれぞれ、上の3つの1次関数が表す直線のどれか2つの交点なのでしょう。一般に、**2つの関数のグラフの交点は、2つの関数の式を同時に満たす点です。**

【解答】

与えられた式から次の3式を得る。

$$y = -x-1 \qquad \cdots\cdots ①$$

$$y = \frac{1}{a}x+\frac{9}{a} \quad (a \neq 0) \qquad \cdots\cdots ②$$

$$y = ax-5 \qquad \cdots\cdots ③$$

$(1, -2)$ も $(-3, 2)$ も①を満たす（代入したときに＝が成立する）ので、この2点は①上にある。

（i）$(1, -2)$ が①と②の交点で、$(-3, 2)$ は①と③の交点の場合

$(1, -2)$ を②に代入 $\Rightarrow -2 = \dfrac{1}{a}+\dfrac{9}{a} \Rightarrow a = -5$

$(-3, 2)$ を③に代入 $\Rightarrow 2 = -3a-5 \Rightarrow a = -\dfrac{7}{3}$

a の値が異なるので不適。

（ii）$(1, -2)$ が①と③の交点で、$(-3, 2)$ は①と②の交点の場合

$(1, -2)$ を③に代入 $\Rightarrow -2 = a-5 \Rightarrow a = 3$

$(-3, 2)$ を②に代入 $\Rightarrow 2 = \dfrac{-3}{a}+\dfrac{9}{a} \Rightarrow a = 3$

a の値が一致するので適する。このとき

$$② \Rightarrow y = \frac{1}{3}x+3, \qquad ③ \Rightarrow y = 3x-5$$

②と③の交点はこの2つの式を同時に満たすので、これらを連立して

$$\frac{1}{3}x+3 = 3x-5 \Rightarrow x = 3 \Rightarrow y = 3\times3-5 = 4$$

以上より、もう1つの頂点は $(3, 4)$

ただ、この問題が難しいのは$(1, -2)$や$(-3, 2)$がどの2本の直線の交点なのかがわからないところで、これらが①上にあることに気がつけるかどうかが鍵になります。

[補足] 関数と方程式とグラフについて

ここで確認しておきたいことがあります。それは、関数と方程式とグラフの関係についてです。

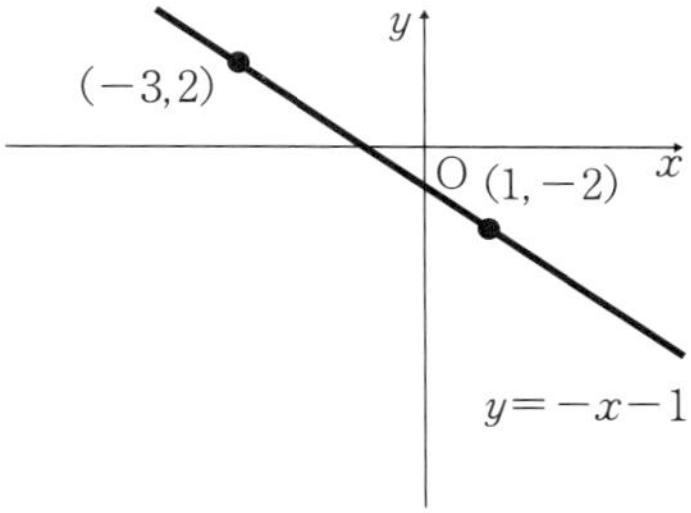

133頁で「方程式の「=」を成立させる点の集合である図形のことをその方程式のグラフという」と書きました。一方、163頁では「$y=f(x)$のグラフというのは、対応する(x, y)の値をすべて座標軸上に書き入れた際にできあがる図形のこと」とも書きました。

例えば上の直線は「$y=-x-1$」を表しています。

もし「$y=-x-1$」を方程式と捉えれば、上の直線はこの方程式を満たす解の集合（未知数が2つあるので解は無数にある）を表していると考えられますが、「$y=-x-1$」を関数と捉えれば、この直線を独立変数xの変化に対して従属変数yがどのように変化していくかを捉えた1次関数のグラフ、と考えることもできるわけです。

グラフはいつでも方程式のグラフと見ることも関数のグラフと見ることもできます。

先の問題でも、aが求まったあとは、②と③を直線の方程式と見て、その交点を2つの方程式を同時に満たす値、すなわち連立方程式の解として求めています。

次は、入試では正答率が5％だった問題です。

【問題】

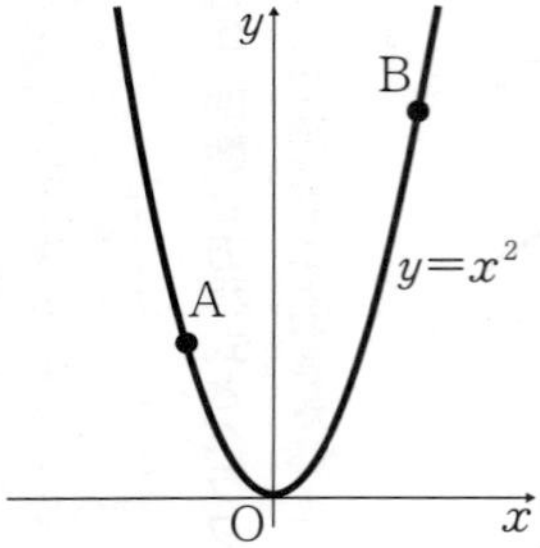

上の図のように、関数「$y=x^2$」のグラフ上に2点A、Bがある。Bのx座標はAのx座標より6大きく、Bのy座標はAのy座標より8大きい。このとき、Aのx座標を求めなさい。

〔栃木県〕

【解答】

Aのx座標をaとすると、Aは「$y=x^2$」上にあるので、

$$A(a, a^2)$$

とおける。

Bのx座標はAのx座標より6大きいので、Bのx座標は$a+6$。Bも「$y=x^2$」上にあるから、

$$B(a+6, (a+6)^2)$$

とおける。

Bのy座標はAのy座標より8大きいので、

$$a^2+8 = (a+6)^2$$

$$\Rightarrow \quad a^2+8 = a^2+12a+36$$

$$\Rightarrow \quad 12a = -28$$

$$\Rightarrow \quad a = -\frac{7}{3}$$

よって、求めるAのx座標は

$$\boldsymbol{-\frac{7}{3}}$$

正答率5%、なんて聞くと身構えてしまいますが、何のことはありません。グラフ上の点に対応する（x,y）は必ず関数の式を満たす、ということさえ分かっていれば解決します。AもBも「$y=x^2$」上にあることから太字で書いたようにおくことができれば、それほど難しく感じないのではないでしょうか？

第 4 章

資料の活用

——確率・統計学

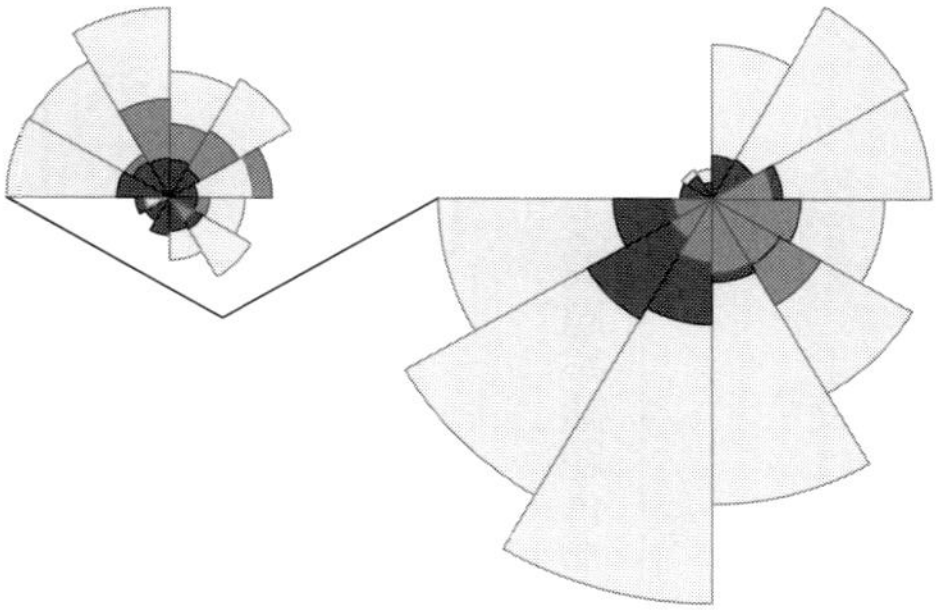

中学の資料の活用から学ぶこと

Ⅰ　比較の合理性
Ⅱ　資料の整理
Ⅲ　ランダム

2015年の夏頃、ネット上でこんな問題が話題になりました。

【問題】
　袋の中に3枚のカードが入っています。1枚は両面赤（A）、1枚は両面青（B）、1枚は片面が赤で片面が青（C）です。今、目をつぶって袋からカードを1枚選び、机の上に置いて目を開けたところ、カードは赤でした。このカードの裏が青である確率を求めなさい。

答えは「1／2」だと思う人といやいや「1／3」でしょうと思う人に大きく分かれ、巨大ネット掲示板の2chをはじめ、ヤフー知恵袋などでも議論が紛糾しました。さて、あなたはどちらが正解だと思いますか？　結論から言えば**正解は「1／3」**です。この問題に正確に答えるためには、高校数学の範疇の**「条件付き確率」とその応用である「原因の確率」**について理解する必要があります（詳しい解説はこの章の最後に記します）。

確率は、降水確率や志望校合格率、当選確率等々とても身近な「数学」です。図形の合同や2次方程式の解の公式を、高校卒業後は一度も使ったことがない、という人はたくさんいると思いますが、日常生活で確率を一度も使ったことのない人はおそらくいないでしょう。

しかし（いやそれ故かもしれませんが）確率は、先の例のような誤解や勘違いを招きやすく、しばしば議論の的になります。人間の直感と正しい答えが最も食い違う分野であるという数学者もいます。

確率をめぐる議論はその黎明期から活発に行われていました。有名なものをいくつか紹介していきます。

†確率論黎明期の論争①

ヨーロッパにおける確率論の端緒は、イタリアの詩人ダンテ・アリギエーリ（１２６５―１３２１）の書いた「神曲」の中に見つけることができます。そこには「ザラ」と呼ばれるサイコロを使った賭け事についての記述があり、後に書かれた注釈書（ヴェネチア版：１４７７年）にはサイコロを用いた賭けについての種々の計算が記されています。賭け事に関する数学的な記述としては、おそらくこれが人類最古のものでしょう。

確率論の誕生とギャンブルは切っても切れない関係にあります。事実、最初に偶然を扱う数学（確率という概念はまだありません）についての書物をまとめた**ジロラモ・カルダーノ**（１５０１―１５７６）は、偉大な数学者であると同時に賭博師でもありました。このカルダーノを「確率論」の父だという人もいます。ただし、カルダーノが遺した計算は確率論的には誤っているものも多く、彼が生きた16世紀後半はまだ確率論の夜明け前であったと言った方がいいかもしれません。そんな中、（今でいう）確率の問題を見事に解決した人物がいます。かの**ガリレオ・ガリレイ**（１５６４―１６４２）です。

彼が解いてみせたのはある一人の貴族が出した次のような問題です。

【問題】

3個のサイコロを投げたとき、その目の合計が9になる組合せも10となる組合せもともに6通りである。しかし、経験的には合計が10になることの方が多い。これはなぜか？

【解説】

3個のサイコロを投げたとき、目の合計が9になる組合せは

（1・2・6）、（1・3・5）、（1・4・4）
（2・2・5）、（2・3・4）、（3・3・3）

の6通り。一方目の合計が10になる組合せは

（1・3・6）、（1・4・5）、（2・2・6）
（2・3・5）、（2・4・4）、（3・3・4）

の6通り。確かにどちらも6通りです。しかし、**それぞれの目の「出やすさ」は同じではありません。**例えば目の組合せが（1・2・6）となるケースの「出やすさ」は（3・3・3）となるケースの6倍です。ガリレオはこのことに気づき次のように考えました。

【ガリレオの解答】

1つのサイコロの目の出方は6通りだから、3つのサイコロの目の出方は

$$6\times6\times6 = 216$$

で216通りである。ただしこの数え方では、例えば(1・2・3)と(1・3・2)は違うものとして数えるので、**順序も考慮する「順列」として場合の数を考えていることに注意しなければならない。**

$(a \cdot b \cdot c)$ タイプの組合せ(3つの数字がすべて異なる組合せ)は、順列では $(a \cdot b \cdot c)$、$(a \cdot c \cdot b)$、$(b \cdot a \cdot c)$、$(b \cdot c \cdot a)$、$(c \cdot a \cdot b)$、$(c \cdot b \cdot a)$ の6通りになる。

$(a \cdot b \cdot b)$ タイプの組合せ(3つの数字のうち2つが同じ組合せ)は、順列では $(a \cdot b \cdot b)$、$(b \cdot a \cdot b)$、$(b \cdot b \cdot a)$ の3通り。

$(a \cdot a \cdot a)$ タイプの組合せ(3つの数字がすべて同じ組合せ)は、順列でも同じ1通り。

以上のことに注意して「順列」で数え直すと、目の合計が9になるケースは全部で25通りであるのに対して、目の合計が10になるケースは27通りである。

よって、**合計が10になるケースの方が「出やすい」。**

†確率論黎明期の論争②

カルダーノやガリレオの生きた時代が確率論の夜明け前だとすると、確率論が誕生したのはいつなのでしょうか？　それは1654年のことでした。この年、シュヴァリエ・ド・メレ（1610―1684）というギャンブル好きの貴族が出したある問題についてパスカル（17頁）と**ピエール・ド・フェルマー**（1608―1665）は少なくとも6通の手紙をやり取りしています。確率（および期待値）という概念が生まれたのは、人類が誇る天才2人が交わしたこの書簡の中でした。

ド・メレが出した問題はこんな問題です。

【問題】

A、Bの2人がそれぞれ32ピストル（注）ずつ賭け金を出して、先に3回勝った方を優勝とする勝負をする。Aが2回勝ち、Bが1回勝ったところで勝負を中止したとすると、A、Bそれぞれの取り分をいくらにすればよいか？

（注：フランスの古い金貨）

【解説】

このような問題のことを「分配問題」といい、15世紀の初め頃から盛んに議論されていたようです。ただし、当時の一般的な考え方は

「既に行われた勝負の中でAは2勝、Bは1勝しているのだから、賭け金の合計64ピストルは2：1に分配するべきである（割り切れないけど……）」

というものでした。「分配問題」の類題にはカルダーノも挑戦していて右と同じような考え方を示していますが、これでは既に確定した勝負の結果だけを考えて勝ち数の比に分配しただけなので正しいとは言えません。

ド・メレの分配問題についてパスカルは

「最後までゲームをしたとしたら、どのような結果が生じるのかを明確に計算して分配するべきだ」

と書いています。

要は、**過去の結果だけでなく未来の可能性も考慮するべき**だということです。今では当たり前に感じることかもしれませんが、確率という概念のない時代にあってこれは画期的な考え方でした。パスカルはド・メレの問題を次のように考えました。

【パスカルの解答】

Aが2回勝ち、Bが1回勝ったところで勝負を中止したのだから、もしAが次の試合（4試合目）で勝てば掛け金の合計64ピストルを手にできる。しかし、もしAが敗ければ2対2で決着がつかずAはまだ賞金をもらえない。4試合目でAが勝つか敗けるかの可能性は半々なので、まずAは64ピストルの半額32ピストルをもらうべきである。

4試合目でAが敗けた場合、5試合目でAが勝って賞金をもらえるかどうかの可能性はやはり半々なのでAが、残り32ピストルのうちの半額の16ピストルをもらうのは妥当である。結局Aには

$$32+16 = 48$$

で48ピストルを、Bには残りの16ピストルを分配するのが正しい（図にすると次のとおり）。

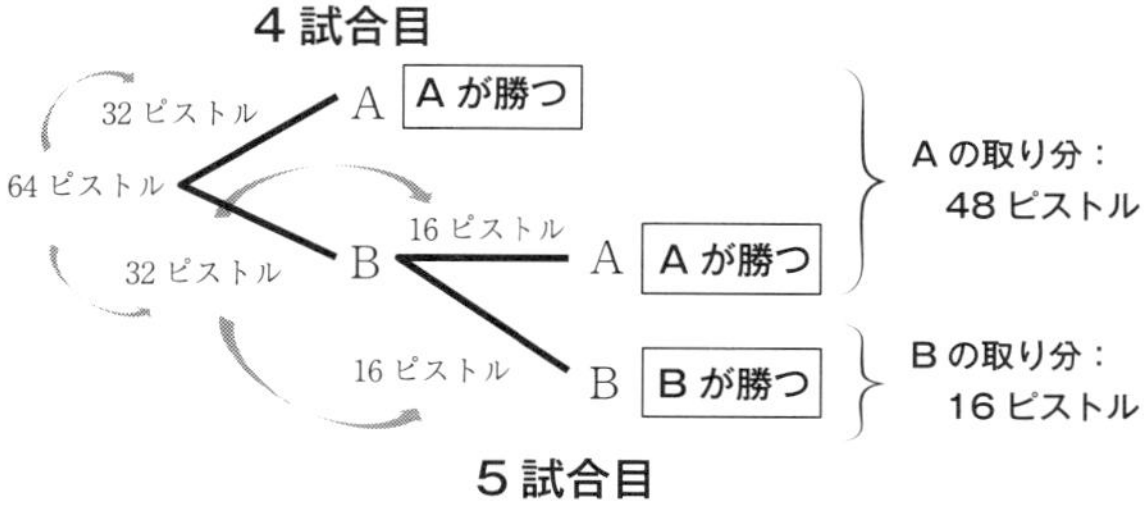

このような考え方は、後にいうところの**期待値**（高校数学の範疇）そのものです。パスカルの考え方を現代的に翻訳（？）すれば次のようになります。こうして見ると、パスカルが確率の**加法定理**と**乗法定理**を見事に駆使していることがよくわかります。

【現代的な考え方】

（i）4試合目でAが勝つ確率は

$$\frac{1}{2}$$

（ii）4試合目でAが負けて、5試合目でAが勝つ確率は

$$\frac{1}{2}\times\frac{1}{2}=\frac{1}{4}$$ （乗法定理）

（i）、（ii）よりAが優勝して賞金をもらえる確率は

$$\frac{1}{2}+\frac{1}{4}=\frac{3}{4}$$ （加法定理）

賞金	Aが優勝する確率
64ピストル	$\frac{3}{4}$

以上よりAがもらえる賞金の期待値は

$$64\times\frac{3}{4}=16\times3=48$$ ［ピストル］

一方のフェルマーは次のように考えました。

【フェルマーの解答】

先に3回勝った方を優勝とする勝負をする場合、5試合目までには必ず優勝者が決まる。そこで、3試合目までにAが2勝、Bが1勝した場合に4試合目、5試合目で考え得る勝負の行方とそれぞれの場合の優勝者を書き出してみることとする。

	4試合目の勝者	5試合目の勝者	優勝者
①	A	A	A
②	A	B	A
③	B	A	A
④	B	B	B

Aが優勝するケースは①〜③の3通り、Bが優勝するケースは④の1通りだけ。

よって、賞金（掛け金）の64ピストルは3：1に分配するべきである。すなわち

Aの取り分 ： $64 \times \dfrac{3}{4} = 48$ ［ピストル］

Bの取り分 ： $64 \times \dfrac{1}{4} = 16$ ［ピストル］

とするのが正しい。

結論はパスカルと同じになります。

前頁のフェルマーの考え方に対して、①と②のケースは4試合目で既に勝負は決している（Aの3勝は確定している）のだから5試合目の行方まで考えるのはおかしいという批判もあったようですが、フェルマーは

「たとえ4試合目で勝負が決したとしても、Aは（消化試合である）5試合目の勝負を拒む理由はないから、これを考えるのは不合理ではない」

と反論しています（参考：上垣渉著『はじめて読む数学の歴史』ベレ出版）。

パスカルもフェルマーも道筋は違っても4試合目と5試合目という「未来」のことを考えている点では一致しています。言うなれば確率論は、1654年、未来を見る視点を持った2人の天才によって生み出されたのです。

†確率論黎明期の論争③

パスカルとフェルマーの往復書簡の中で確率の概念は生まれましたが、「確率（英：probability・仏：probabilité）」という言葉はまだ使われていませんでした。アントワーヌ・アルノーとピエール・ニコルという2人のフランス人が1662年に出版した『論理

学、あるいは思考の技法』の中に出てくる「probabilité」が数学的な意味で「確率」という言葉が使われた最初の例ではないかと言われています。

確率論はその後、クリスティアーン・ホイヘンス（1629―1695）、アブラーム・ド・モアブル（1667―1754）、トーマス・ベイズ（1702―1761）らの手によって発展し、19世紀初頭に**ピエール＝シモン・ラプラス**（1749―1827）が著した『確率の解析的理論』（1812）およびその一般向けの解説書である『確率の哲学的試論』（1814）によって総括されました。

ラプラスこそ古典的確率論（≒「確率」と聞いて私たちがイメージするもの）の完成者です。ラプラスは確率を次のように定めました。

> 確率とは、すべての可能なことの場合の数に対する好都合な場合の比である。

「好都合な場合」というのは少々妙な言い回しですが、これはギャンブルにおける「自分にとって有利なできごと」を指します。パスカルとフェルマーの往復書簡から150年以上が経っても確率の中心的な話題はやはり賭け事だったのでしょう。例えば、サイコロを投げて5以上が出る方に賭けているとしたら「好都合な場合」とは「5か6が出ること（2通り）」です。「すべての可能なこと」は「1〜6のいずれかが出ること（6通り）」ですから、確率は「2／6＝1／3」になります。

確率を計算する際に私たちがもっとも注意しなくてはならないのは、「すべての可能なこと」が**同様に確からしい**かどうかを確認することです。

ラプラスが、師である**ジャン・ル・ロン・ダランベール**（1717―1783）と活発な議論を交わした問題として有名な問題を紹介しましょう。単純な問題ではありますが、正解するためには「同様に確からしいかどうか」をしっかり考えなくてはなりません。

【問題】

コインを2枚投げて、2枚とも表である確率を求めなさい。

【解説】

ダランベールは次のように考えました。

「コインの表と裏の出方は（表・表）、（表・裏）、（裏・裏）の3種類。

よって（表・表）になる確率は1／3」

ダランベールはコインの出方の順序を考慮しない「組合せ」で考えていることがわかります。結論から言えば、このダランベールの考え方は間違っています。

先のガリレオが解いた問題と同様ですが、コインの出方を組合せで考えてしまうと（表・裏）は、（表・表）や（裏・裏）よりも2倍出やすいことになり、それぞれが「同様に確からしく」はなくなってしまうのです（次頁のラプラスの解答参照）。

ジャン・ダランベールの名誉のために断っておきますが、ダランベールは18世紀のフランスを代表する数学者・物理学者・哲学者の一人で、特に力学の研究では全ヨーロッパから注目される研究を行っていました。また当時のフランス啓蒙思想の代表的な成果のひとつである「百科全書」の責任編集者でもあります。私たちはダランベールの間違いを笑うことはできません。確率の問題というのは、偉大な業績をあげた賢人をもってしても誤った結論を導いてしまうくらい、難しさと危うさを持っているのです。

もし、あなたのまわりに

「受験の結果は合格か不合格かの2つに1つ。だから僕が東大に合格する確率は1／2だ」

と言う東大志望の受験生がいたら、どう思いますか？　そんなわけない、と思うでしょう。

【ラプラスの解答】

2枚のコインの目の出方は、それぞれのコインに表と裏があるのだから、

(表・表)、(表・裏)、(裏・表)、(裏・裏)

の4種類であると考えなくてはならない。

こうすることの妥当性は2枚のコインのうち片方を違う種類のコインに変えてみればすぐにわかるだろう（下の表は十円玉と百円玉で考えている）。

		百円玉	
		表	裏
十円玉	表	表 表	表 裏
十円玉	裏	裏 表	裏 裏

（十円玉が表・百円玉が裏）と（十円玉が裏・百円玉が表）は区別する必要がある。

上の表の4つのコインの出方はどれも同様に確からしいので、(表・表）になる確率は

$$\frac{1}{4}$$

である。

仮にこの受験生の全国偏差値が50を下回っているとすると、東大に合格できる可能性は極めて低いと言わなくてはなりません。逆に全国偏差値が75を超えているようなら合格する確率は1／2よりずっと高いでしょう。いずれにしても、ほとんどの受験生にとって合格と不合格は同様に確からしくないので右のように考えるのは間違いです（ちょうどボーダーラインにいる受験生であれば、合格する確率がほぼ1／2であるということはできるかもしれません）。

同様に天気の種類が「晴れ・曇り・雨・雪」の4種類だからと言って、明日雪が降る確率は1／4であると言うこともできません。もうお分かりだと思いますが、「晴れ・曇り・雨・雪」のそれぞれが同様に確からしくないからです。

確率において同様に確からしいかどうかを考えることは、複数の対象を同等に扱ってよいかどうかを考えることなので、**「比較」の合理性**を判断することが必要になります。

確率の問題を解いてみるときに感じる意外性や難しさは、「比較」はいつも慎重に行うべきであることを教えてくれているのです。

†「ラプラスの悪魔」について

この先は余談です。

ラプラスは前述の『確率の解析的理論』の中で次のように書いています。

> もしもある瞬間におけるすべての物質の力学的状態と力を知ることができ、かつもしもそれらのデータを解析できるだけの能力の知性が存在するとすれば、この知性にとっては、不確実なことは何もなくなり、その目には未来も（過去同様に）すべて見えているであろう。

「宇宙に存在するあらゆる原子の動きをすべて認識することが可能であれば、これから起きる事象は物理学ですべて計算できるのだから、すべての未来は既に決定している」とするこの考え方は、古典的確率論の完成者であり、現代確率論の地平を開いた開拓者でもあり、さらには偉大な物理学者でもあったラプラスだからこそたどり着いた概念だと思います。ラプラスが言うところの「知性」は全知全能＝神に繋がることから、「ラプラスの悪魔」と呼ばれるようになりました。

もちろん、実際の私たちは、今現在世界で起きていることのほんの1%も知ることはできません。だから未来は私たちにとっていつまでも未知であり、未知なるが故に夢や希望を持って努力することができます。また量子力学における不確定性原理によれば、「原子の位置と運動量を同時に正しく知ることはできない」ので、私たちがどんなに知性を磨いたとしても全知全能なる「ラプラスの悪魔」を手に入れることはないでしょう。

閑話休題。

ここまでで、確率論の黎明期から古典的確率論が完成するまでをざっと概観しましたので、今度は統計に話を移したいと思います。

†統計家は最もセクシーな職業?

2012年の春以降に高校に入学した世代はいわゆる「脱ゆとり世代」と呼ばれ、新しい指導要領に従って数学を履修しています。高校新課程の大きな特徴は、理系・文系の区別なく学ぶ数学Iに新設された「データの分析」という単元の中でヒストグラム、箱ひげ図、分散、標準偏差、相関係数といった統計の基礎が必須項目になったことです。

これに連動する形で中学の数学にも「標本調査」という単元が新しく加わりました。

２０１３年に刊行され日本における統計学ブーム（という言葉は使いたくありませんが……）の火付け役になった『統計学が最強の学問である』（西内啓著、ダイヤモンド社）には、Googleのチーフ・エコノミストであるハル・ヴァリアン博士が、２００９年１月にマッキンゼー社の発行する論文誌に語ったこんな言葉が紹介されています。

> 私はこれからの10年で最もセクシーな職業は統計家だろうと言い続けているんだ
> (I keep saying the sexy job in the next ten years will be statisticians)

ここで言う「セクシー」は「格好いい」とか「人目を引く」とかの意味であり、要はこれからの時代は統計家こそ（自分にとっても他人にとっても）最も魅力的な職業である、という意味です。同書には他にもマイクロソフト社をはじめ、世界中の企業で統計リテラシー（統計が使える能力）が重用されている実情と理由がまとめられています。

†近代統計学の父

統計学を意味する「statistics」の語源が「state（国家）」+「mathematics（算術）」であることからもわかるように、統計は最初、時の為政者が人口等の国の実態を調べるためのものでした。国勢調査としての統計はそれこそ古代バビロニアや中国、ギリシャ・ローマなどでも実施されていたようです。聖書にはイエス・キリストの両親（マリアとヨセフ）がイエスの誕生前にベツレヘムに旅する様子が描かれていますが、その理由はローマ帝国が5年ごとに行っていた人口調査のために先祖の町まで戻ることを民に命じたからでした。

一方、現代の私たちがイメージする「統計」すなわち、たくさんのデータの中から全体に通じる法則や傾向を見出すという意味での統計学が産声を上げたのは、確率が誕生したのとほぼ同時期です。

それは１６６２年のことでした。

イギリスの**ジョン・グラント**（１６２０―１６７４）は、当時たびたびペストの大流行に見舞われていたロンドンで、教会が資料として保存していた年間死亡数等のデータをもとに、年代別の死亡率をまとめた表を「諸観察」と呼ばれる冊子にまとめました。この表は簡素なものではありましたが、統計データをもとに確率的な考察を行っている、という点で大変画期的でした。またグラントは死亡統計表を分析し、当時２００万人と考えられていたロンドンの人口について、データを通じて38万４０００人と見積もり、限られたサンプルデータから全体を見積もれることも示しました。

グラントは当時の有力商人で、数学者ではありませんでしたが、彼の功績を讃えて「近代統計学の父」と呼ぶ人もいます。

†ナイチンゲールと統計学

イギリスの裕福な家庭に生まれ、貴婦人としての教育を受けた**フローレンス・ナイチンゲール**（１８２０―１９１０）は、20代の頃から看護師を志し、祖国とロシアの間でクリミア戦争が勃発すると、戦場における初めての女性看護団を率いて現地スクタリ野戦病院の臨床現場に立ちました。ナイチンゲールがその働きぶりから「クリミアの天使」と呼ばれ、看護師を「白衣の天使」と呼ぶ由来になっているのはご存知のとおりです。

しかし、ナイチンゲールが近代統計学の発展に貢献した統計学者の一面も持っていたことは意外と知られていません。

クリミア戦争時下のスクタリ野戦病院では、実に多くの兵士が亡くなっていきましたが、その主たる原因は戦闘による負傷ではなく、兵舎病院の過密さとその不衛生な状況でした。

ナイチンゲールはこのことを軍の官僚や議会に納得させるために、数々の統計資料を作成し、各種委員会に提出しています。

中でも「鶏のとさか」と呼ばれる左図のダイアグラムは特に有名です。ここには１８５４年の４月から１８５６年の３月までの２年間について、病院での死亡者数が原因別にまとめられています。右が１年目、左が２年目です。負傷やその他の原因で亡くなった兵士の数と、改善可能な院内環境が原因で亡くなった兵士の数をそれぞれ表しています。これを見ると戦争で負傷して亡くなる兵士は全体の１～２割であり、残りは栄養失調や感染症など予防可能な病気で死んでしまっていることが一目でわかります。ちなみに、この円（扇形）グラフは、半径の差が扇形の面積に反映する（面積は半径の２乗に比例する）ことを使って差異が際立って見

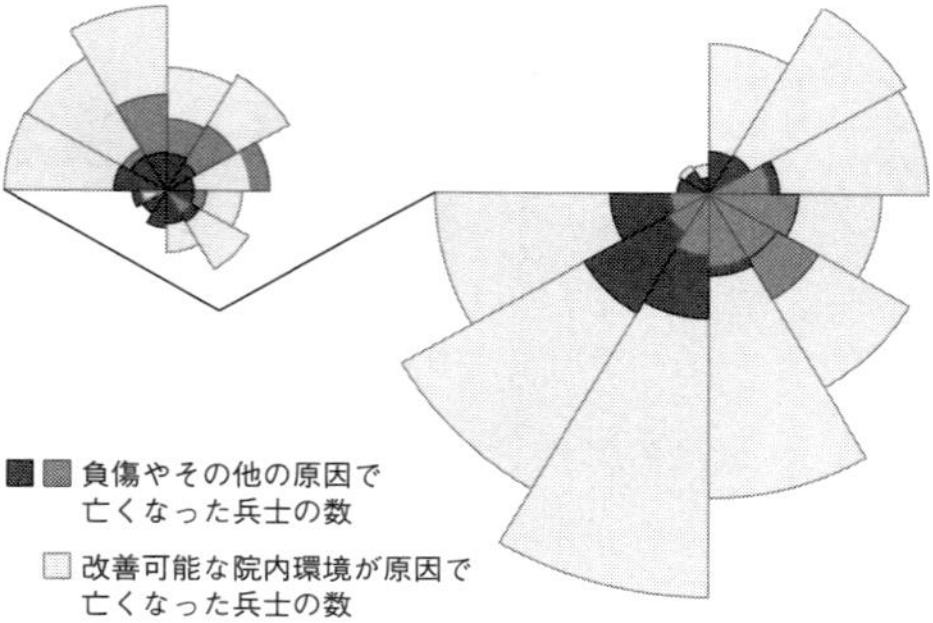

ナイチンゲールのダイアグラム

（http://understandinguncertainty.org/node/213）を元に作成

えるようになっていて、視覚的に大変効果的です。

ナイチンゲールは統計学の制度化にも努力しました。統計が活用されないのは、人々が活用の仕方を知らないからであると考えた彼女は、何よりも重要なのは教育であるとして、大学教育において統計の専門家を育てることに尽力したのです。

ナイチンゲールの超人的な仕事ぶりと必要であれば相手が誰であろうと直言を厭わない果敢な姿勢により、交渉相手となる陸軍・政府関係者は彼女に敬意を示し、また恐れてもいたそうです。「クリミアの天使」、「ランプの貴婦人」（夜回りを欠かさなかったから）などと呼ばれるナイチンゲールですが、実際の彼女は看護にロマンチックな精神主義をまじえるような観念論者ではなく、徹底した経験主義に基づく学者肌の人物だったと言うべきかもしれません。

†ティーパーティーと推測統計

統計には大きく分けて2種類あります。記述統計と推測統計です。

記述統計というのは、データを集計し、表やグラフなどの見やすい形にまとめたり、平均や標準偏差といった値を計算したりすることによって、データが持つ性質を導き出す方法を指します。

グラントがまとめた「年代別死亡統計表」もナイチンゲールの「鶏のとさか」も記述統計の典型的な手法です。

中学数学では、記述統計のもっとも基礎的な部分、すなわちデータを**表（度数分布表）**と**グラフ（ヒストグラム）**にまとめることと、**平均値・中央値・最頻値**などを学びます。

一方、推測統計というのは、部分的に抽出した標本（サンプル）からデータ全体の特性を推し量る方法のことを指します。それはかき混ぜた味噌汁から一匙《ひとさじ》取って味見をすることで味噌汁全体の味を推測することに似ています。

推測統計が本格的に始まったのは、20世紀に入って推測統計の父**ロナルド・エイルマー・フィッシャー**（1890－1962）が出てからですが、その数学的な内容は決して易しくはありません。そのため中学数学では（残念ながら）推測統計については**全数調査**、**標本調査**、**母集団**、**抽出**などの用語の意味をおさえるに留まっています。

そこで、本書では推測統計の雰囲気を味わってもらうために、フィッシャーがティーパーティーで行ったとされるある実験を紹介しましょう。

1920年代末、イギリスのケンブリッジでフィッシャーは何人かの仲間と庭でティー

パーティーに興じていました。するとある一人の紅茶好きのご婦人が
「ミルクティーは先にミルクを入れるか、紅茶を入れるかで味が変わります」
と言い出したそうです。これを聞いた紳士たちが眉に唾をつけながら、
「そんなことあるものか。どちらが先でも混ざってしまえば同じだろう」
と相手にしなかったのは、まあ当然でしょう。しかし、一人フィッシャーは
「それでは実験をしてみよう」
と次のような提案をしました。

《実験の概要》

婦人が見ていないところで、ミルクを先に入れたミルクティーを4杯、紅茶を先に入れたミルクティーも4杯用意する。次に計8杯の紅茶をランダムに婦人に差し出し、婦人にはそのひとつひとつについてミルクが先のものか、紅茶が先のものかを言いあててもらう。ただし婦人には2種類の紅茶がランダムに出されることと、それぞれが4杯ずつであることをあらかじめ伝えておく。

果たして結果は……なんと婦人は8杯すべてについて正確にミルクが先か紅茶が先かを言い当てたそうです。これについて、まわりの紳士たちは「たまたまだよ」と言ったかもしれません。しかし、もし婦人が出鱈目に言った答えが8杯すべてについて偶然正解する確率は約1・4%であることから、フィッシャーは

「これはたまたまではない。婦人には味の違いがわかる」

と結論づけました。

推測統計というのは、標本を調べて母集団の特性を確率的に予想する「**推定**」と、標本から得られたデータの差異が誤差なのかあるいは意味のある違いなのかを検証する「**検定**」とを2本柱にしています。視聴率や選挙のときの開票速報などは「推定」で、「一日2杯のコーヒーはがんの発生をおさえる」などの仮説の信憑性を裏付けるのが「検定」です。

フィッシャーが行った実験は「検定」そのものであり、推測統計の実験としては最も有名なものでしょう。

†ランダムの難しさと大切さ

フィッシャーがティーパーティーで行った実験は「ランダム比較試験」と呼ばれる手法です。

一部を調べることで全体を推し量ろうとする推測統計にとって最も大切なのは、母集団からかたよりなく標本を抽出することです。このような抽出のことを**ランダム抽出**と言いますが、人間の手が行う場合「ランダム」というのは思いのほか難しいものです。次の図をみてください。

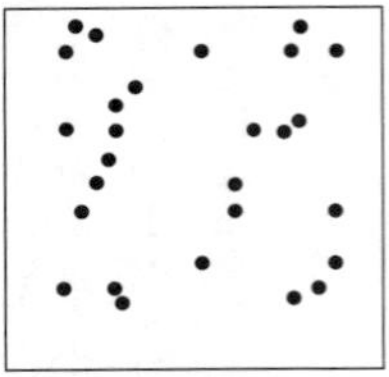

画像 A

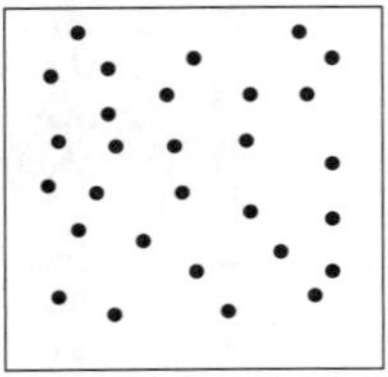

画像 B

片方は雨が道に落ちたときの様子を記録したもので、他方は人為的に作ったものです。雨が道に落ちたときの様子を記録したのはどちらでしょうか？　このように尋ねると大抵の人は

「そりゃあBでしょう」

と思うようです。偏りのないBの方がランダムだと感じるのだと思います。実は雨が道に落ちたときの様子を記録したのは画像Aです。均一なものはランダムで不均一なものには意味（作為）があると思うのは単なる人間の思い込みに過ぎません。

　またある調査によると、テストの4択問題の正解は3番が最も多いそうです。これも1番や4番といった端の選択肢には正解を置きづらいという作る側の人間の心理が影響しているのでしょう。

　フィッシャーは著書の中でランダムについては次のように書いています。

> 無作為の順序というのは、人が選んで勝手に決めるものではなくて、賭に用いる物理的器具、すなわち、カード、さいころ、ルーレットなどを実際に使って定めた順序、またはもっと迅速に行なうには、そういう操作による実験の結果を与えるために発表

された乱数列によって定めた順序である。

（『実験計画法』森北出版）

サイコロを投げて出た数字を並べたような、まったく**無秩序でしかも出現の確率がどれも同じ**である数の列のことを**乱数**といいますが、推測統計でランダム抽出を行うときにはこの乱数がとても重要です。

実際、1927年に統計学者の**レナード・ヘンリー・カレブ・ティペット**（1902―1985）は、イギリスの各教区の面積から数字を抜き出して並べただけの「乱数の本」を出版し、これは当時のベストセラーになりました。

いよいよ中学数学で学ぶ確率・統計学の具体的な内容に入っていきます。キーワードは**比較の合理性**、**資料の整理**、**ランダム**の3つです。

比較の合理性を学ぶ中学数学

†「同様に確からしいか」を確認する——確率（中2）

最初に確率の定義を確認しておきましょう。

> **【確率とは】**
> ある事柄の起こりやすさを数値で表したものを、その事柄が起こる確率という。
> 起こり得る結果が全部でn通りあり、**そのどれもが同様に確からしいとき、**事柄Aの起こる場合がa通りあるならばAの起こる確率は「a／n」である。

くどいようですが、確率の計算で最初に確認すべきなのは、自分が想定している「起こり得る結果」のどれもが同様に確からしいかどうかです。これを踏まえて次の問題を考えてみてください。

【問題】

1から5までの整数が1つずつ書かれた5枚のカードがある。この5枚のカードからAさんが1枚引き、そのカードをもとに戻さずに残りの4枚の中からBさんが1枚引いたとき、2人が引いた2枚のカードに書かれた整数の積が奇数になる確率を求めなさい。

［東京学芸大附高・改］

【解説】

1～5のカードを順にA、Bがこの順に引いて、引いたカードをもとに戻さないとき、考えられるカードの組合せは

(1・2)、(1・3)、(1・4)、(1・5)、(2・3)、(2・4)、(2・5)、(3・4)、(3・5)、(4・5)の10通り、このうち積が奇数になるのは(1・3)、(1・5)、(3・5)の3通り。よって、求める確率は「3／10」。

さて……このように考えるのは正しいでしょうか？　それともガリレオのサイコロ問題やラプラスのコイン問題で注意したように「組合せ」で考えるのは誤りでしょうか？

【解答】

カードの出方を**順序も考慮する**「**順列**」として数えてみましょう。

B＼A	1	2	3	4	5
1		(1・2)	(1・3)	(1・4)	(1・5)
2	(2・1)		(2・3)	(2・4)	(2・5)
3	(3・1)	(3・2)		(3・4)	(3・5)
4	(4・1)	(4・2)	(4・3)		(4・5)
5	(5・1)	(5・2)	(5・3)	(5・4)	

このような表で考えれば、起こり得る結果は全部で20通りあり、そのうち積が奇数になるのは（グレーの部分の）6通りであることがわかります。

よって、求める確率は

$$\frac{6}{20}=\mathbf{\frac{3}{10}}$$

です。

おや、「組合せ」で考えたのと同じ結果（3／10）になりましたね。今回は「組合せ」で考えても良さそうです。ガリレオのサイコロ問題やラプラスのコイン問題とは何が違うのでしょうか？

今回の問題では、引いたカードを「もとに戻さない」ので（1・1）のような同じ数字どうしの組合せがありません。これが「組合せ」で考えても良い理由です。同じ数字どうしの組合せがある場合は、組合せで考えてしまうと、起こり得る結果のそれぞれが同様に確からしくなくなってしまいますが、**同じ数字どうしの組合せがないのなら、組合せで考えても、順列で考えても、起こり得る結果のそれぞれは同様に確からしくなります。**

では次の問題はどうでしょう？

【問題】

百円硬貨と五十円硬貨がそれぞれ2枚ずつあります。この計4枚の硬貨を同時に投げる時、表の出る硬貨の合計金額が300円になる確率を求めなさい。

【解説】

考えられる金額の合計は上から

３００円、２５０円、２００円、１５０円、１００円、50円、０円

の7通り。３００円になる確率は「１／７」。

さて、今度はどうでしょうか？　この計算は正しいでしょうか？　実はこれは誤りです。なぜなら、次頁の樹形図の通り、合計が２５０円、２００円、１５０円、１００円、50円になる場合は、それぞれ複数のパターンがあるのに対して、合計が３００円、０円になるケースは1通りしかなく、７通りの金額の出方のそれぞれは同様に確からしくないからです。

なお、同じ種類の2枚の硬貨が（表・裏）になるケースは2通りあることに注意してください（１９０頁のラプラスのコイン参照）。例えば、合計が２００円になるケースは

百円硬貨の2枚両方が表・五十円硬貨2枚両方が裏

百円硬貨の一方が表・百円硬貨の他方が裏・五十円硬貨の2枚両方が表

百円硬貨の一方が裏・百円硬貨の他方が表・五十円硬貨の2枚両方が表

の3通りあります。

【解答】

すべてのケースを樹形図で考えます。

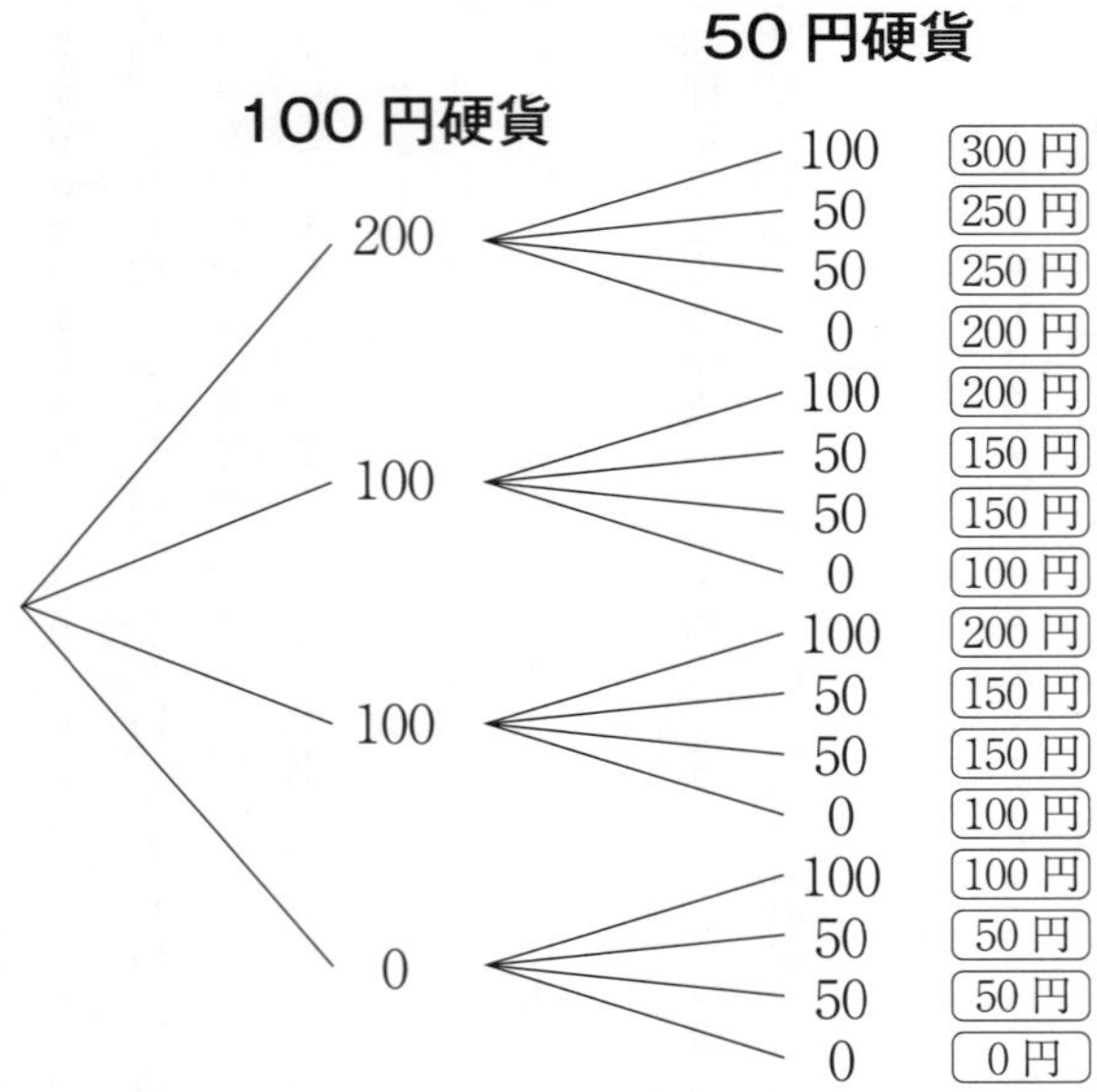

これより、起こり得る結果は全部で16通りであることがわかります。このうち合計金額が300円になるのは1通り。よって、求める確率は

$$\frac{1}{16}$$

です。

資料の整理を学ぶ中学数学

†データの特性をつかむ——資料の整理（中1）

いろいろな統計用語が出てきますので、最初に整理しておきましょう。

資料（データ）：統計調査の対象

（注）資料とデータは同義ですが、中学数学では主に「資料」、高校数学以降は「データ」ということが多いようです。本書では今後「データ」で統一します。

度数：データの値の範囲を適当に区切ったときの、各区間に含まれる個数

度数分布表：各区間ごとの度数を示す表

階級：度数分布表で区切られた各区間

階級の幅：区間の幅

階級値：各階級の中央の値

次の40個の数字を見てください。

40、21、54、22、40、31、40、41、74、38、49、28、38、41、39、28、49、49、22、20、26、25、30、21、52、44、32、71、33、29、40、41、43、19、38、29、26、30、28、18

これはある会社の社員40人の給与（月額：万円）のデータです。このように何の整理もされていないデータのことを「生データ」といいます。ただし、生データではデータ全体の傾向がわからないので、まずは左のように度数分布表を作ります。

給与（月額：万円）	度数（人）
15以上〜20未満	2
20　〜25	5
25　〜30	8
30　〜35	5
35　〜40	4
40　〜45	9
45　〜50	3
50　〜55	2
55　〜60	0
60　〜65	0
65　〜70	0
70　〜75	2
合計	40

度数分布表を作るときに気をつけることは、2つあります。それは**階級の幅を決めること**と、**漏れなくダブりなく数えること**です。

階級の幅については、厳密な決まりがあるわけではありませんが、**階級の幅が狭すぎると表が繁雑になりますし、逆に広すぎるとデータの傾向がつかめなくなる**ので要注意です。前頁の例では、最低が18（万円）、最高が74（万円）なので、「15以上〜20未満」からはじめて、5万刻みとしました。

漏れやダブりがないことを確認するために度数分布表の最後の行には「計」の欄を設けて、**数え上げた度数の合計が生データと一致すること**を確認しましょう。また「○○以上〜△△未満」の階級には○○は含まれますが、△△は含まれないことにも注意しましょう。

度数分布表を作れば、生データよりは整理がされますが、度数分布表だけでデータの傾向をつかむのは簡単ではありません。そこで登場するのが「ヒストグラム」です。

ヒストグラム：度数分布表の階級を横軸に、度数を縦軸にとった棒グラフ。

次頁は前頁の度数分布表から作ったヒストグラムです。ヒストグラムを作成する上での注意点はやはり2つあります。

（1）最初の階級の左隣や、最後の階級の右隣
は1階級分あける。

（2）隣りあう棒グラフの間隔はあけない。

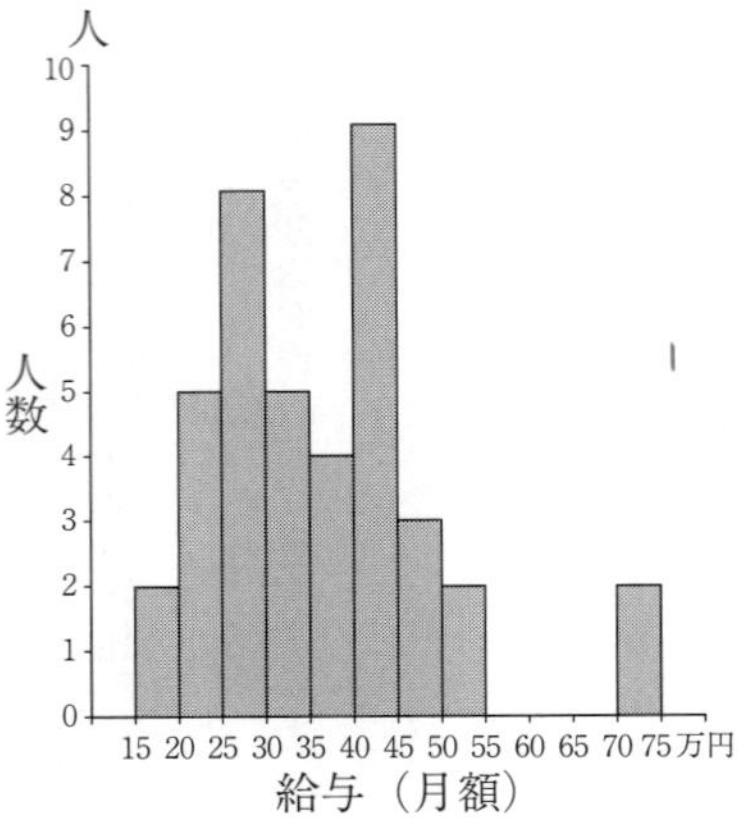

特に（1）は**データの範囲を明示する**ために大切です。こうすると、「40以上～45未満」が最も多いことや飛び抜けて給与の高い人が2人いることや、全体として二極化している（ピークが2つある）ことなどが一目瞭然です。

ヒストグラムを作れば、データの傾向はだいぶわかります。しかし、ヒストグラムは作成するまでが面倒なところが玉にキズです。もっと簡単に、何か1つの数字をみるだけでデータの性質を（ある程度）表せるのならそれに越したことはありません。そういう数のことを**代表値**といいます。

中学数学で学ぶ代表値は、平均値、中央値、最頻値の3つです。

平均値：データの総和をデータの個数で割ったもの

中央値（メジアン）：データを大きさ順に並べたとき、その中央の順位にくる値（ただし、データの個数が偶数のときは、中央に並ぶ２つの値の平均値を中央値とする）

最頻値（モード）：度数分布で、度数が最も多く現れる値（最頻値は度数分布表の、度数が最も大きい階級の階級値を指すことも多い）

平均値はおなじみですね。ただ、**代表値として平均値はふさわしくないケースがあるこ**とには注意してください。

例えば5人のテストの結果が

10点、10点、10点、20点、１００点

だとします。この場合、平均値は30点です。一方中央値は10点ですね。さてどちらの方が代表値としてふさわしいでしょうか？　言うまでもなく、平均値は１００点という飛び抜けて大きい値（外れ値といいます）に引っ張られて大きくなります。このような場合には、

中央値を代表値にした方が妥当でしょう。

ランダムを学ぶ中学数学

†部分から全体を推し量る——標本調査（中3）

標本調査：対象とする集団の一部を調べ、その結果から全体の状況を推定する調査。
母集団：標本調査における調査の対象の全体
標本：調査のために母集団から抜き出されたもの
標本の大きさ：標本に含まれるものの個数
抽出：母集団から標本を抜き出すこと

前述のとおり、ランダムに抽出するためには次の2点を満たす必要があります。

・無秩序であること
・出現の確率がどれも同じ

これを満たす標本の選び方として、中学数学では、くじを引いたり、正二十面体のそれぞれの面に0～9の数字が2回ずつ書かれたサイコロ（「乱数さい」という）を使ったりする方法が紹介されています。

【問題】

ある中学校の3年生は200人いて、40人ずつ5クラスに分かれています。数学の先生は生徒の理解度を量るため、各クラスでその日の日付と同じ出席番号の生徒を「標本」として選び、黒板で問題を解かせることにしています。このような標本の抽出の仕方は適当かどうか考えなさい。また適当でない場合は、その理由も答えなさい。

【解答・解説】

もちろん適当ではありません。

《理由》

まずこのような選び方では日付と同じ、という規則性があるため、次にあたる子が（その日だけ）事前に準備をすることも可能です。また、日付は最大でも31までしかないため、出席番号32〜40番の生徒が「標本」として選ばれる可能性はありません。すなわち「乱数（ランダム）」の条件である「無秩序」も「出現する確率が同じ」も共に満たさないため「標本」の選び方としては不適当です。

ランダムに抽出された標本を使って行う推測統計には、中学数学の範囲を大きく逸脱する高度な手法が色々とありますが、

標本平均≒母集団の平均

標本の比率≒母集団の比率

と考えるのは標本調査におけるもっとも基礎的な推測です。

これを使って簡単な推測をしてみましょう。

【問題】

あなたの目の前には袋に入った数百個の白玉があります。またあなたは30個の黒玉を使うことができます。袋の中のおよその白玉の数を推定する方法を考えなさい（白玉と黒玉の重さは同じではありません）。

【解答例・解説】

例えば、次のようにするといいでしょう。

①30 個の黒玉を袋の中に入れてよくかき混ぜる。

②標本として無作為に 20 個の玉を取り出す。

③20 個の中に黒玉がいくつ混ざっているかを数える

④「標本の比率≒母集団の比率」を使って推定する。

（例）

標本 20 個の中に 2 個の黒玉が混ざっていた場合
標本の中の黒玉の比率は

$$\frac{2}{20} = \frac{1}{10} = 10\%$$

より 10% だから、母集団（最初袋に入っていた白玉＋30 個の黒玉）の中の黒玉の比率も約 10% であると考えられる。母集団に含まれる黒玉は 30 個なので母集団が x 個だとすると、

$$x \times \frac{1}{10} = 30$$

これより、母集団はおよそ 300 個と推定される。よって最初袋に入っていた白玉は

$$300 - 30 = 270$$

より、約 **270** 個。

以上で中学数学における確率・統計学の内容は終わりです。

実のところ、中学数学では確率も統計もほんのさわりを学ぶだけであとは高校数学以降のお楽しみになります。

さて、本書もいよいよ大詰めです。

最後にこの章の冒頭（176頁）で紹介した問題の解答を記しておきます。ここに出てくる考え方は、「**原因の確率**」と呼ばれるもので、それは条件付き確率の応用であり、条件付き確率は、統計の最先端である**ベイズ統計**に繋がっていきます。

【問題】

袋の中に3枚のカードが入っています。1枚は両面赤（A）、1枚は両面青（B）、1枚は片面が赤で片面が青（C）です。今、目をつぶって袋からカードを1枚選び、机の上に置いて目を開けたところ、カードは赤でした。このカードの裏が青である確率を求めなさい。

【解答】

机の上のカードの表が赤であるとき、その裏が青になるのは机の上のカードがCである場合に限られます。つまり、今考えるべきは「机の上のカードの表が赤」の原因が「袋から選んだカードがC」である確率です。これには下の図を使って考えるのがいいでしょう。

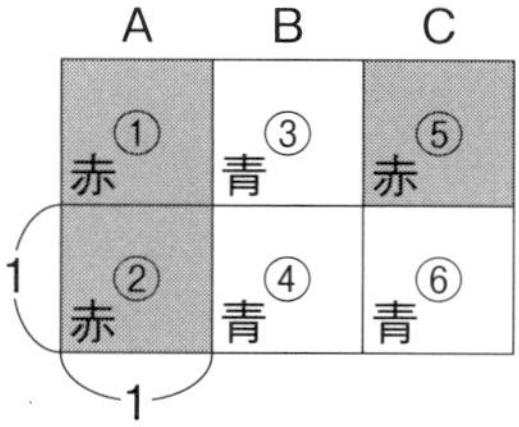

袋からカードを1枚選んだとき、表になるのは上の①～⑥のいずれかで、それらは同様に確からしいですね（6つの正方形の面積はすべて1であるのは「同様の確からしさ」を表しています）。

今、机の上のカードは表が赤なので、今起きている結果は①か②か⑤のいずれかです。このとき引いたカードがCなら目の前の赤は⑤のはずです。よって、求める確率は

$$\frac{⑤}{①+②+⑤} = \mathbf{\frac{1}{3}}$$

【補足】条件付き確率（数A）について

一般に、事象Aと事象Bが互いに独立でない（一方の結果が他方の結果に影響する）とき、AもBも起きる確率$P(A\cap B)$は次のように表される。

$$\boldsymbol{P(A\cap B)=P(A)\cdot P_A(B)}\quad\cdots\cdots☆$$

ここで、$P(A)$と$P_A(B)$はそれぞれ

$P(A)$：事象Aが起きる確率

$P_A(B)$：事象Aが起きたという前提でBが起きる確率

を表す。

特に$P_A(B)$のことを「**条件付き確率**」という。

前頁の問題で事象Rと事象Cをそれぞれ

R：机の上のカードの表が赤

C：袋から引いたカードがC

とすると、求める確率は$P_R(C)$。☆式より

$$P(R\cap C)=P(R)\cdot P_R(C)\ \Rightarrow\ P_R(C)=\frac{P(R\cap C)}{P(R)}$$

ここで、

$$P(R\cap C)=P(C\cap R)=\frac{1}{3}\times\frac{1}{2}=\frac{1}{6}$$

$$P(R)=P(A\cap R)+P(C\cap R)=\frac{1}{3}\times 1+\frac{1}{6}=\frac{1}{2}$$

よって、

$$P_R(C)=\frac{P(R\cap C)}{P(R)}=\frac{\frac{1}{6}}{\frac{1}{2}}=\frac{1}{6}\div\frac{1}{2}=\frac{1}{6}\times 2=\boldsymbol{\frac{1}{3}}$$

おわりに

これで本書は終わります。「はじめに」に書いた本書の目的が果たせたかどうかは、読者であるあなた自身の判断を仰ぐしかありません。ただ私自身は――多分に手前味噌ではありますが――なかなか画期的な本に仕上がったのではないかと自負しています。その意味において、貴重な機会を与えて下さった筑摩書房と編集者の橋本陽介氏には改めて感謝申し上げます。

数学の、４０００年とも５０００年とも言われる歴史の中で発見され磨かれてきたことのうち、もっとも根本的で、なおかつ汎用性の高い事柄が中学数学のカリキュラムには詰まっています。もちろんそれらは高校数学に繫がる足がかりという側面も持っていますが、何より義務教育の中で「これだけはどうしても学んで欲しい」という内容が厳選されていると私は思っています。

そのため、本書では一部を除いて、中学数学と高校数学の繫がりを逐一書くことはしませんでした。中学数学の範疇でこれらを学ぶ意味や意義を感じていただきたいからです。また中学数学の全範囲を網羅する、ということも目指しませんでした。新書の手軽さと読み物としての面白さを私なりに追求した結果です。

最近は、大人が中学数学を学び直すための良書がたくさん出版されています。本書で紹介した数学史の観点を通してそれらに取り組んでいただければ、さらなる発見がきっとあるでしょう。そして興が乗ったら、是非高校数学・大学数学へと進んでみてください。本書がそのきっかけになるのなら、筆者としては望外の喜びです。

本書の執筆にあたっては、数学史に関する書物を中心に、次頁に記す文献を随所で参考にさせていただきました。(中には拙書も含まれますがそれはともかく)どれも力の入った内容の濃い良書ですし、大変わかりやすく書かれています。これらの本もまた、今あなたの中に芽吹いている――と私が強く期待する――数学への興味を、大きく育ててくれることでしょう。

ではこれで筆を置きます。またどこかでお会いできることを楽しみに。

思いのほか夏が短かった２０１５年初秋　永野裕之

参考文献

上垣渉『はじめて読む数学の歴史』ベレ出版

中村滋・室井和男『数学史』共立出版

野崎昭弘『はじまりの数学』ちくまプリマー新書

佐々木ケン・仲田紀夫『マンガおはなし数学史』講談社ブルーバックス

吉田洋一・赤攝也『数学序説』ちくま学芸文庫

三浦伸夫『古代エジプトの数学問題集を解いてみる』ＮＨＫ出版

アン ルーニー（著）・吉富節子（訳）『数学は歴史をどう変えてきたか』東京書籍

エアハルト ベーレンツ（著）・鈴木直（訳）『５分でたのしむ数学50話』岩波書店

高瀬正仁『微分積分学の誕生』ＳＢクリエイティブ

岩沢宏和『世界を変えた確率と統計のからくり１３４話』ＳＢクリエイティブ

松原望『９つの確率・統計学物語』ＳＢ クリエイティブ

岩沢宏和『確率のエッセンス』技術評論社

西内啓『統計学が最強の学問である』ダイヤモンド社

『統計と確率ケーススタディ』Newton ムック

永野裕之『大人のための中学数学勉強法』ダイヤモンド社

永野裕之『問題解決に役立つ数学』ＰＨＰ研究所

関連年表

	幾何学（図形）	代数学（数と式）	解析学（関数）	確率・統計学（資料の活用）
紀元前1800		「リンド・パピルス」［67頁］		
紀元前7世紀	タレス（紀元前624―546）：論証数学の父［14頁］			
紀元前6世紀	ピタゴラス（紀元582―496）：「三平方の定理」の証明［44頁］	ヒッパソス（紀元前500年頃）：無理数の発見［95頁］		
紀元前5世紀	プラトン（紀元前427～347）：学園開設し、幾何学を重用［12頁］			
紀元前4世紀	アリストテレス（紀元前384―322）：正しい「形式」の整理［35頁］			

	ユークリッド（紀元前330頃―275頃）：原論［19頁］			
6世紀		位取り記数法の確立［63頁］		
7世紀		負の数の発明［64頁］		
8世紀		アル・ファーリズミー（780頃～846頃）：代数学の父①［71頁］		
15世紀		数学記号「＋」「－」の発明（1489年）［72頁］		「神曲」の注釈書（1477）：初の確率的計算［178頁］
16世紀		ヴィエト（1540―1603）：代数学の父②［72頁］ 数学記号「＝」の発明（1557年）［74頁］	デカルト（1596―1650）：座標と変数の導入（解析幾何学の発明）［129頁］	カルダーノ（1501―1576）：数学者兼賭博師［178頁］ ガリレイ（1564―1642）：「確からしさ」

		デカルト（1596—1650）：文字式の整備 [74頁]		に注目 ［178頁］
17世紀	パスカル（1623—1662）：説得術 ［17頁］	ヨーロッパで「負の数」が受け入れられる ［65頁］ 数学記号「×」の発明（1631年）［72頁］ 数学記号「÷」の発明（1659年）［72頁］	ライプニッツ（1646—1716）：「関数」を最初に使用 ［135頁］	グラント（1620—1674）：初の統計表 ［195頁］ フェルマー（1601—1665）：パスカルとの往復書簡（1654）［181頁］ パスカル（1623—1662）：フェルマーとの往復書簡（1654）［181頁］
18世紀			オイラー（1707—1783）：「関数」を定義（無限解析序説）［135頁］	ロン・ダランベール（1717—1783）：ラプラスの師 ［188頁］ ラプラス（1749—1827）：古典的確率論の完成（確率の解析的理

				論）［187頁］
19世紀		アーベル（1802—1829）：5次以上の方程式に「解の公式」が存在しないことを証明［82頁］		ナイチンゲール（1820—1910）：統計学の発展に寄与［196頁］ フィッシャー（1890—1962）：推測統計の父［199頁］
20世紀				ティペット（1902—1985）：乱数の本がベストセラー［204頁］

ちくま新書
1156

中学生《ちゅうがくせい》からの数学《すうがく》「超《ちょう》」入門《にゅうもん》
——起源《きげん》をたどれば思考《しこう》がわかる

二〇一五年一二月一〇日　第一刷発行
二〇一六年　一月一〇日　第二刷発行

著　者　永野裕之（ながの・ひろゆき）
発行者　山野浩一
発行所　株式会社 筑摩書房
東京都台東区蔵前二‐五‐三　郵便番号一一一‐八七五五
振替〇〇一六〇‐八‐四一二三
装幀者　間村俊一
印刷・製本　株式会社 精興社

乱丁・落丁本の場合は、左記宛にご送付下さい。送料小社負担でお取り替えいたします。ご注文・お問い合わせも左記へお願いいたします。
〒三三一‐八五〇七　さいたま市北区櫛引町二‐六〇四
筑摩書房サービスセンター　電話〇四八‐六五一‐〇〇五三

ISBN978-4-480-06865-1 C0241

ちくま新書

966 **数学入門** 小島寛之

ピタゴラスの定理や連立方程式といった基礎の基礎を出発点に、美しく深遠な現代数学の入り口まで到達する道筋がある！　本物を知りたい人のための最強入門書。

950 **ざっくりわかる宇宙論** 竹内薫

宇宙はどうはじまったのか？　宇宙は将来どうなるのか？　宇宙に果てはあるのか？　過去、今、未来を縦横無尽に行き来し、現代宇宙論をわかりやすく説き尽くす。

879 **ヒトの進化　七〇〇万年史** 河合信和

画期的な化石の発見が相次ぎ、人類史はいま大幅な書き換えを迫られている。つい一万数千年前まで生きていた謎の小型人類など、最新の発掘成果と学説を解説する。

970 **遺伝子の不都合な真実**
——すべての能力は遺伝である 安藤寿康

勉強ができるのは生まれつきなのか？　ＩＱ・人格・お金を稼ぐ力まで、「能力」の正体を徹底分析。行動遺伝学の最前線から、遺伝の隠された真実を明かす。

1003 京大人気講義　**生き抜くための地震学** 鎌田浩毅

大災害は待ってくれない。地震と火山噴火のメカニズムを学び、災害予測と減災のスキルを吸収すべき時は、まさに今だ。知的興奮に満ちた地球科学の教室が始まる！

1018 **ヒトの心はどう進化したのか**
——狩猟採集生活が生んだもの 鈴木光太郎

ヒトはいかにしてヒトになったのか？　道具・言語の使用、文化・社会の形成のきっかけは狩猟採集時代にあった。人間の本質を知るための進化をめぐる冒険の書。

363 **からだを読む** 養老孟司

自分のものなのに、人はからだのことを知らない。たまにはからだのことを考えてもいいのではないか。口から始まって肛門まで、知られざる人体内部の詳細を見る。

ちくま新書

339
「わかる」とはどういうことか
——認識の脳科学
山鳥重

人はどんなときに「あ、わかった」「わけがわからない」などと感じるのか。そのとき脳では何が起こっているのだろう。認識と思考の仕組みを説き明す刺激的な試み。

434
意識とはなにか
——〈私〉を生成する脳
茂木健一郎

物質である脳が意識を生みだすのはなぜか？　すべてを感じる存在としての〈私〉とは何ものか？　人類に残された究極の問いに、既存の科学を超えて新境地を展開！

795
賢い皮膚
——思考する最大の〈臓器〉
傳田光洋

外界と人体の境目——皮膚。様々な機能を担っているが、驚くべきは脳に比肩するその精妙で自律的なメカニズムである。薄皮の秘められた世界をとくとご堪能あれ。

942
人間とはどういう生物か
——心・脳・意識のふしぎを解く
石川幹人

人間とは何だろうか。古くから問われてきたこの問いに、認知科学、情報科学、生命論、進化論、量子力学などを横断しながらアプローチを試みる知的冒険の書。

968
植物からの警告
湯浅浩史

いま、世界各地で生態系に大変化が生じている。植物と人間のいとなみの関わりを解説しながら、環境変動の実態を現場から報告する。ふしぎな植物のカラー写真満載。

986
科学の限界
池内了

原発事故、地震予知の失敗は科学の限界を露呈した。科学に何が可能で、何をすべきなのか。科学者の倫理を問い直し「人間を大切にする科学」への回帰を提唱する。

1095
日本の樹木〈カラー新書〉
舘野正樹

暮らしの傍らでしずかに佇み、文化を支えてきた日本の樹木。生物学から生態学までをふまえ、ヒノキ、ブナ、ケヤキなど代表的な26種について楽しく学ぶ。

ちくま新書

1149 **心理学の名著30** サトウタツヤ

臨床や実験など様々なイメージを持たれている心理学。それを「認知」「発達」「社会」の側面から整理しなおし、古典から最新研究までを解説したブックガイド。

746 **安全。でも、安心できない…** ――信頼をめぐる心理学 中谷内一也

凶悪犯罪、自然災害、食品偽装……。現代社会に潜むリスクを「適切に怖がる」にはどうすべきか？ 理性と感情のメカニズムをふまえて信頼のマネジメントを提示する。

757 **サブリミナル・インパクト** ――情動と潜在認知の現代 下條信輔

巷にあふれる過剰な刺激は、私たちの情動を揺さぶり潜在脳に働きかけて、選択や意思決定にまで影を落とす。心の潜在性という沃野から浮かび上がる新たな人間観とは。

802 **心理学で何がわかるか** 村上宣寛

性格と遺伝、自由意志の存在、知能のはかり方……。これらの問題を考えるには科学的方法が必要だ。俗説や疑似科学を退け、本物の心理学を最新の知見で案内する。

981 **脳は美をどう感じるか** ――アートの脳科学 川畑秀明

なぜ人はアートに感動するのだろうか。モネ、ゴッホ、フェルメール、モンドリアン、ポロックなどの名画を題材に、人間の脳に秘められた最大の謎を探究する。

1053 **自閉症スペクトラムとは何か** ――ひとの「関わり」の謎に挑む 千住淳

他者や社会との「関わり」に困難さを抱える自閉症。その原因は何か。その障壁とはどのようなものか。診断・遺伝・発達などの視点から、脳科学者が明晰に説く。

1066 **使える行動分析学** ――じぶん実験のすすめ 島宗理

仕事、勉強、恋愛、ダイエット……。できない、守れないのは意志や能力の問題じゃない。行動分析学の理論で推理し行動を変える「じぶん実験」で解決できます！

ちくま新書

989
18分集中法
——時間の「質」を高める
菅野仁

面倒な仕事から逃げてしまう。期限が近付いているのにやる気が起きない。そんなあなたに効く具体的でシンプルな方法を伝授します。いま変わらなきゃ、いつ変わる。

812
その言い方が人を怒らせる
——ことばの危機管理術
加藤重広

適確に伝えるには、日本語が陥りやすい表現の落とし穴を知ることだ。思い当たる「まずい」事例を豊富に取り上げ、言語学的に分析。会話の危機管理のための必携本。

756
漢和辞典に訊け！
円満字二郎

敬遠されがちな漢和辞典。でも骨組みを知れば千年以上にわたる日本人の漢字受容の歴史が浮かんでくる。辞典編集者が明かす、ウンチクで終わらせないための活用法。

486
図書館に訊け！
井上真琴

図書館は研究、調査、執筆に携わる人々の「駆け込み寺」である！　調べ方の超基本から「奥の手」まで、カリスマ図書館員があなただけに教えます。

292
ザ・ディベート
——自己責任時代の思考・表現技術
茂木秀昭

「原発は廃止すべし」。自分の意見をうまく言えますか？データ集めから、立論、陳述、相手への反駁まで、学校やビジネスに活きるコミュニケーション技術を伝授。

1051
つながる図書館
——コミュニティの核をめざす試み
猪谷千香

公共図書館の様々な取組み。ビジネス支援から町民の手作り図書館、建物の外へ概念を広げる試み……数々の現場を取材すると同時に、今後のありかたを探る。

1012
その一言が余計です。
——日本語の「正しさ」を問う
山田敏弘

「見た目はいいけど」「まあ、がんばって」何気なく使った言葉で相手を傷つけた経験はありませんか。よりよいコミュニケーションのために、日本語の特徴に迫る一冊。

ちくま新書

396
組織戦略の考え方
——企業経営の健全性のために
沼上幹

組織を腐らせてしまわぬため、主体的に思考し実践しよう！　組織設計の基本から腐敗への対処法まで「これウチの会社！」と誰もが嘆くケース満載の組織戦略入門。

619
経営戦略を問いなおす
三品和広

戦略と戦術を混同する企業が少なくない。見せかけの「戦略」は企業を危うくする。現実のデータと事例を数多く紹介し、腹の底からわかる「実践的戦略」を伝授する。

701
こんなに使える経済学
——肥満から出世まで
大竹文雄編

肥満もたばこ中毒も、出世も談合も、経済学的な思考を上手に用いれば、問題解決への道筋が見えてくる！　経済学のエッセンスが実感できる、まったく新しい入門書。

628
ダメな議論
——論理思考で見抜く
飯田泰之

国民的「常識」の中にも、根拠のない〝ダメ議論〟が紛れ込んでいる。そうした、人をその気にさせる怪しい議論をどう見抜くか。その方法を分かりやすく伝授する。

807
使える！　経済学の考え方
——みんなをより幸せにするための論理
小島寛之

人は不確実性下においていかなる論理と嗜好をもって意思決定するのか。人間の行動様式を確率理論を用いて抽出し、社会的な平等・自由の根拠をロジカルに解く。

565
使える！　確率的思考
小島寛之

この世は半歩先さえ不確かだ。上手に生きるには、可能性を見積もり適切な行動を選択する力が欠かせない。確率のテクニックを駆使して賢く判断する思考法を伝授！

822
マーケティングを学ぶ
石井淳蔵

市場が成熟化した現代、生活者との関係をどうデザインするかが企業にとって大きな課題となる。著者はここを起点にこれからのマーケティング像を明快に提示する。

ちくま新書

869
35歳までに読むキャリア《しごとえらび》の教科書
——就・転職の絶対原則を知る
渡邉正裕

会社にしがみついていても、なんとかなる時代ではなくなった。どうすれば自分の市場価値を高めて、望む仕事に就くことができるのか？　迷える若者のための一冊。

1046
40歳からの会社に頼らない働き方
柳川範之

誰もが将来に不安を抱える激動の時代を生き抜くには、どうするべきか？「40歳定年制」で話題の経済学者が、新しい「複線型」の働き方を提案する。

884
40歳からの知的生産術
谷岡一郎

マネジメントの極意とは？　時間管理・情報整理・知的生産の3ステップで、その極意を紹介。ファイル術からアウトプット戦略まで、成果をだすための秘訣がわかる。

924
無料ビジネスの時代
——消費不況に立ち向かう価格戦略
吉本佳生

最初は無料で商品を提供しながら、最終的には利益を得ようとする「無料ビジネス」。こんな手法が社会的に求められるのはなぜか？　日本経済のゆくえを考える。

928
高校生にもわかる「お金」の話
内藤忍

お金は一生にいくら必要か？　お金の落とし穴って何だ？　ＡＫＢ48、宝くじ、牛丼戦争など、身近な喩えでわかりやすく伝える、学校では教えない「お金の真実」。

976
理想の上司は、なぜ苦しいのか
——管理職の壁を越えるための教科書
樋口弘和

いい上司をめざすほど辛くなるのはなぜだろう。頑張るほど疲弊してしまう現代の管理職。では、その苦労の理由とは。壁を乗り越え、マネジメント力を上げる秘訣！

1092
戦略思考ワークブック【ビジネス篇】
三谷宏治

Ｓｕｉｃａ自販機はなぜ1・5倍も売れるのか？　1着25万円のスーツをどう売るか？　20の演習で、明日から使える戦略思考が身につくビジネスパーソン必読の一冊。